奶水牛养殖技术

李会民　赵家明　主编

云南出版集团

云南科技出版社

·昆　明·

图书在版编目（CIP）数据

奶水牛养殖技术 / 李会民，赵家明主编．-- 昆明：云南科技出版社，2021.11
ISBN 978-7-5587-2782-5

Ⅰ．①奶… Ⅱ．①李… ②赵… Ⅲ．①乳牛—饲养管理 Ⅳ．① S823.9

中国版本图书馆 CIP 数据核字 (2020) 第 061921 号

奶水牛养殖技术

NAISHUINIU YANGZHI JISHU

李会民　赵家明　主编

出 版 人：温　翔
策　　划：高　亢
责任编辑：肖　娅　杨志芳
封面设计：张　轩
责任校对：张舒园
责任印制：蒋丽芬

书　　号：ISBN 978-7-5587-2782-5
印　　刷：云南灵彩印务包装有限公司
开　　本：787mm × 1092mm　1/16
印　　张：12.5
字　　数：250 千字
版　　次：2021 年 11 月第 1 版
印　　次：2021 年 11 月第 1 次印刷
定　　价：28.00 元

出版发行：云南出版集团　云南科技出版社
地　　址：昆明市环城西路 609 号
电　　话：0871-64192752

编委会

主　　编：李会民　赵家明

执行主编：李会民

副 主 编：王鹏武　杨旭艳　高景舜　罗国强

编　　者：李会民　赵家明　王鹏武　杨旭艳　段　玉　高景舜
张美荣　杨丽菊　熊　跃　罗国强　李春梅　李家友
肖　青　赵学成　寸彦明　赵立权　杨共雄　杨伟义
许煜泰　黑银川　杨忠宝　金海燕　童灿辉　张晓燕
杨　静　宋重境　李艳梅　杨云刚　徐新祥

前 言

奶业惠及亿万人民，是关系国计民生的大产业。近年来，特别是党的十八大以来，党中央、国务院高度重视奶业发展，习近平总书记、李克强总理多次做出重要批示指示，大力开展奶业整顿和奶业振兴，推进现代奶业建设不断迈上新台阶。

2018 年，《国务院办公厅关于推进奶业振兴保障乳品质量安全的意见》中提出积极发展乳肉兼用牛、奶水牛、奶山羊等其他奶畜生产，进一步丰富奶源结构。胡春华副总理在全国奶业振兴工作推进会议上提出要重视特色奶的发展。农业农村部等九部委联合印发的《关于进一步促进奶业振兴的若干意见》明确了要重视开发羊奶、水牛奶等特色乳制品。水牛奶业经过多年的发展，已成为我国南方和西部地区人民喝奶的重要补充，更是撬动我国奶业高质量发展、振兴民族产业的重要组成部分。

为帮助广大奶水牛养殖场、养殖合作社、家庭牧场及新型职业农民学习奶水牛养殖技术，编者根据大理州奶水牛养殖现状、优势及特点，认真总结分析近年来在奶水牛养殖、品种改良、科技试验研究、示范推广的新技术、新成果，并借鉴国内外先进技术，组织编写了《奶水牛养殖技术》一书。本书通俗易懂，内容力求具备科学性与实用性，有助于读者更新观念、开阔视野、增加新知识，为培植特色产业、增加农民收入发挥科技引领作用。

由于编者水平有限，内容难免有不足之处，恳请广大读者给予批评指正。

目 录

第一章　国际国内奶水牛业发展现状概述

乳用水牛开发是当前国际畜牧业领域一个新的发展动态，加速对水牛奶业的开发已经成为当前世界奶业发展当中的重点和热点。我国是世界沼泽型水牛存栏大国之一，开发我国奶水牛业具有重要的资源、经济和生态战略意义。了解国际国内奶水牛业发展的基本情况和特点，学习国际上的成功经验，分析国内奶水牛业的形势和存在问题，对于启发工作思路和指导奶水牛业开发实践具有重要现实意义。本章着重介绍当前国际国内奶水牛业发展的总体现状和趋势。

第一节　水牛的经济和生态价值

水牛属于人类豢养的众多草食家畜品种之一，由于其在单项生产性能（如产肉或产奶）方面与其他品种（主要为黄牛）相比并不显得十分突出。因此，长期以来水牛的重要价值并未受到人们的足够重视。随着当今人类对食品卫生问题和环保问题的日益关注，水牛畜种作为人类一个重要的生态友好型特色畜种的利用优势就凸显得愈加明显。其实，与其他畜种相比，甚至于与黄牛相比，水牛在为人类提供卫生健康食品，以及创造生态价值方面具有诸多无可比拟的优势。

水牛利用粗饲料转化为优质畜产品的能力强。水牛特别耐粗饲，对饲料粗纤维的消化利用能力达79.8%，比黄牛还高15.6%，它特别能利用黄牛所不能利用的许多粗劣饲料，最大限度地转化为优质畜产品。

水牛适应性强。水牛性情温驯、容易饲养，对疫病抵抗力强，比较适应高温、高湿的气候环境，同时也能抗御较为恶劣和寒冷的极端气候条件，可以适应在不同海拔地区饲养。

水牛奶品质优良。水牛奶的干物质和有效营养成分含量大大高于黑白花牛奶，而且水牛奶乳脂肪球直径较大，特别适合于乳制品加工，通过加工增值潜力很大。在当今国际市场上，所有的水牛奶制品都属于高附加值的高档特色乳制品。

水牛利用年限长。奶水牛一般利用年限都在15年以上，大理州巍山县幸福村饲养的杂交奶水牛利用年限最高达21年，而荷斯坦奶牛仅7～8年。

水牛肉用性能较好。我国沼泽型水牛通过河流型水牛杂交改良的后代，杂种优势明显，生长快、体格大、产肉性能好，饲养至2～3岁适时屠宰的杂交水牛瘦肉多、脂肪少，肉质细嫩鲜美，水牛肉目前在国际市场上非常走俏，喜食水牛肉的国家和人口愈来愈多。

水牛产品食品安全性佳。水牛本身具备独特的抗病能力和免疫能力，加之水牛的饲料摄入多以粗纤维为主，饲养过程中对配合饲料及饲料添加剂的依赖性极小，目前的水牛养殖基本上属于生态养殖，使用配合饲料及饲料添加剂极少或基本不用，而且绝大多数的水牛个体生病少、用药少（部分个体终生不得病、不用药）。因此，生产的水牛奶、肉产品基本上属于优质无公害食品，甚至是有机和绿色食品，其食品安全性令人信服。事实上，迄今为止国际上也尚未出现过关于水牛发生疯牛病的报道。

养殖效益好。饲养奶水牛可因地制宜进行，投入少、成本低、效益高，且饲养技术简单易行，农民容易掌握，通过实践已经证明，在投入小、饲养比较粗放的农户手中，奶水牛能够创造比荷斯坦奶牛更高的饲养效益。因此，水牛曾被FAO（世界粮农组织）推荐为最具开发潜力和开发价值的家畜品种。

由于近半个世纪以来，国际水牛奶业的发展取得了非常具有说服力的成就，同时随着人类生活质量的普遍提高，以及现代人们对食品安全需求标准的日益提升，水牛奶业正在风靡全球，成为国际奶业发展中的一个重点和突出的热点。当前，水牛畜种已经被公认为是所有草食家畜中最优秀的生态友好型特色畜种，世界各国正在努力发掘水牛身上所蕴藏的重大经济和生态潜力。努力提高河流型乳用水牛的产奶量，以继续做强、做大奶水牛业（适用于河流型水牛资源国），或是引进河流型水牛对本地沼泽型水牛实施杂交改良，再利用杂交型水牛挤奶，以发展水牛奶业（适用于沼泽型水牛资源国），已经成为当今国际水牛业的主要发展方向。

目前，世界各国愈加重视奶水牛产业开发，包括欧美地区一些历史上并无水牛存栏的国家（如美国等），都在努力引进乳用水牛，旨在培植奶水牛业。较多沼泽型水牛存栏国也正在努力推进沼泽型水牛向杂交型乳用水牛的改良，谋求使用杂交型水牛挤奶，如保加利亚、菲律宾等国。最近十年间，国际水牛奶总产量增长了 10 倍，其增长幅度已经大大超过黑白花牛奶业同期的增长水平。水牛畜种的重要经济和生态价值已经得到世界范围内前所未有的广泛重视。

第二节　当前国际奶水牛业发展现状和趋势

近半个世纪以来，国际奶水牛业发展迅速，尤其是近二十多年来，世界主要水牛饲养国（甚至是后来才引进水牛的一些国家）均对开展沼泽型水牛的杂交改良、乳用水牛育种、水牛胚胎移植、提高水牛的泌乳性能、乳制品开发等内容开展了大量的研究，这使国际上挤奶水牛的数量、水牛奶的产量以及水牛的产奶性能都实现了大幅度的增长。尤其是印度、意大利等国对奶水牛业的产业化开发已经达到了比较高的水平。总体而言，当前国际奶水牛业的发展有以下趋势和特点。

一、世界水牛数量

据世界粮农组织（FAO）2010 年统计，世界存栏水牛共 1.9 亿头，分布于五大洲内共 50 多个国家，其中：亚洲 1.84 亿头，占 97%。印度是世界上水牛最多的国家，存栏达 9000 多万头，占世界水牛总数的 56.6%，印度的水牛以河流型水牛为主；其次是巴基斯坦，占世界存栏数的 15.9%，也属河流型水牛为主；中国居世界第三位，为 1973 万头，占世界的 12.5%，主要是沼泽型水牛。近十年间，水牛数量增加最多的是印度，其次是巴基斯坦，而数量增长速度最快的国家是意大利。通过十年来世界水牛数量的稳步增长，透视出水牛开发的重要性及水牛奶业发展的重要地位。

世界奶水牛存栏 6042 万头，其中亚洲占 96.77%，排列依次为印度、巴基斯坦、中国、埃及等国。

二、世界水牛奶产量

2012年，世界水牛奶总产量就达到9741.71万吨，约占全球总产奶量的6%。就各主产国而言，印度水牛奶总产量最高，达6600万吨，占全球总产量的68%；巴基斯坦位居其次，为2365万吨，占全球水牛总产奶量的24%；两者产量之和占世界水牛奶总产量的92%，是目前世界上最大的水牛奶生产国。在此期间，水牛存栏数较少的欧洲也十分重视“水牛奶用”。

三、世界水牛产奶性能不断提高

印度、巴基斯坦、意大利等国家均有著名的乳用水牛品种，这些国家通过开展水牛种公牛后裔测定，加快遗传进展，生产性能获得较大幅度提高。2012年，世界平均水牛奶畜单产达到1612千克/头。印度经登记的摩拉水牛每年平均产奶量达1900千克/头，优秀群体达2346千克/头，最好个体产奶5000千克/头（305天），高峰泌乳日达23.0千克/头。巴基斯坦的尼里–拉菲水牛6000个泌乳期统计平均产奶1925千克/头（282天），经后裔测定公布的1534头水牛，第一个泌乳期产奶量2178千克/头（300天），最好的达6000千克/头。意大利测定31333个水牛泌乳期，平均日产奶量7.3千克/头，其中乳脂肪8.57%、蛋白质4.55%，最优秀水牛群平均产奶量3608千克/头（281天），其中脂8.8%、蛋白质4.4%，最好个体泌乳期产奶5962千克/头（270天），高峰日33.8千克/头。保加利亚水牛平均产奶量2083千克/头，乳脂率7.49%，最高个体高峰泌乳日达35.45千克/头，乳脂率为9.14%。

四、世界各国水牛开发情况

印度：世界上水牛奶业开发最成功的国家，成为世界第一奶业生产大国，人均占有奶量超过70千克，很好地解决了由于人口众多引起的粮食不足的困难和人均蛋白质摄入量低的问题，并由奶粉引进国转变为出口国。其主要经验是政府将奶业当作一个关系国计民生的支柱产业，采取了各种优惠政策来支持奶业发展，在资金和技术等方面给予大力支持，对牛奶的加工和销售实行免税，利用国际组织援助的机会，发起了著名的“洪流行动”，扶持、组建、推广以“阿南德模式”为主的奶牛生产合作社，把分散的奶农有效地组织起来，建立了“村牛奶合作社—地区联合会—总联合会”的组织形式，以乳品加工厂为核心，形成产前、产中、产后配套服务的产加销一体化体系，从乳品加工的利润中，提留 40% 用于扩大再生产，其余 60% 返还给生产者，一部分作为奶农股份和交售奶量的红利，另一部分用于补贴各种免费和优惠的社会化服务，从而使印度的水牛奶业得到了跨越式发展。

巴基斯坦：养水牛的农户占总农户的 50% 左右。其中，80% 左右的农户养牛的规模为 6 ~ 10 头，少数达 100 ~ 280 头，主要集中在旁遮普邦，其存栏数占全国数量的 60% 左右。水牛乳制品主要有纸盒装奶、果味系列酸奶、咖啡专用奶、冰激凌等，但加工能力较低。

意大利：目前全世界水牛奶业开发程度最高的国家，生产水平高，产品种类多，市场开拓广。意大利全国有水牛饲养场（户）1100 个，一般饲养规模 300 ~ 500 头，采用与奶牛相同的现代饲喂系统。有 500 多家水牛奶酪加工厂，加工厂依托各个农户形成生产联合体。水牛奶全部用于加工水牛奶酪，原料奶收购价格每升 1.65 美元 (荷斯坦牛奶仅 0.33 美元)。主要产品有鲜奶酪、发酵奶酪、混合奶酪和发霉奶酪等，著名的品牌有 Mozzarella 等，是为数不多的欧盟未生产过度的农产品之一。

目前，水牛奶业较发达的印度、巴基斯坦、意大利等国仍在努力提高水牛的产奶量。许多以役用为主的国家，如菲律宾、缅甸、泰国等，正努力将水牛转化为乳用或肉用。不但发展中国家大力发展水牛业，一些原来没有水牛的发达国家也在努力开发利用水牛，如美国、英国等。美国一是通过对现有水牛群体加大改造力度，加速水牛向乳用型转变；二是通过采用各种科技手段（冻精、胚胎、活体）从世界各国收集优秀遗传材料来提升水牛的乳用性能；三是通过向农场主示范饲养水牛的高经济回报来刺激农场主扩大饲养数量。英国尽管水牛数量还不多，但已有几家公司和水牛合作组织投入了水牛制品的开发，并有下列产品投入市场：长货架期的寿命奶或超高温消毒奶、水牛酸奶、传统奶酪、软奶酪（一种熟化期较短的奶酪）、适合于素食者食用的 Paneer 奶酪，以及巴基斯坦和印度风味的甜奶酪、巴基斯坦风味的黄油、水牛肉等。此外，意大利、菲律宾等国还在水牛胚胎移植方面开展了大量的研究，据报道，一头供体母牛每冲胚 1 次可平均获得可用胚胎 1.8 枚，每头供体牛年可冲胚 3 ~ 4 次，平均生产胚胎 6 ~ 8 枚；菲律宾等国还利用屠宰场宰杀的河流型水牛的卵巢生产体外受精胚，用于繁殖纯种河流型水牛；目前意大利可以批量出口供应地中海水牛的胚胎。

总之，世界水牛奶业发达国家的生产水平与其高度发展的水牛科技是休戚相关的，生产的发展与科技进步之间的关系是比较强的正相关且呈同步发展的。

第三节　我国水牛业开发概况

一、水牛杂交改良及水牛奶业开发现状

我国本地水牛主要属于沼泽型水牛，由于泌乳性能不佳，历史上在南方各省均只作为农业生产的主要役力来使用。中华人民共和国成立以来，我国水牛头数保持平稳增长，1949 年为 1018.4 万头；1957 年增加到 1312.7 万头；1986 年达到 2043.7 万头；1995 年达到 2358.4 万头，为我国历史最高存栏量；2004 年存栏 2280 万头。之后有所下降，但仍是世界第三大水牛大国。

1957 年和 1974 年，我国分别引进印度摩拉水牛 55 头和巴基斯坦尼里 – 拉菲水牛 50 头，这是迄今为止我国对河流型水牛仅有的引种。通过多年的风土驯化和精心饲养及选育，这两个河流型乳用水牛品种群体规模得到了扩大，适应了我国南方热带、亚热带气候条件，保持了原品种的种质，生产性能接近原产地的优秀群体，泌乳期产奶量达到 2200 千克。此后半个世纪以来，利用这两群种源作为遗传材料，我国开始了利用河流型水牛对本地沼泽型水牛的杂交改良和对杂交水牛的挤奶开发，至今主要经历了 3 个发展阶段。

（一）第一阶段（1974 ~ 1985 年）

本地水牛杂交改良阶段。主要目的是增大体型，提高役力，提高水牛作为役牛的生产效率。1974 年，农业部组织全国 13 个省市开展本地水牛品种改良，至 1985 年，杂交水牛从原先的 1.7 万头发展到 15 万头。结果表明，大、中、小型本地水牛最大挽力分别为 400 ~ 600 千克、300 ~ 500 千克、200 ~ 400 千克，相应的杂交水牛挽力比本地水牛分别提高 40%~ 50%；产奶、产肉性能亦比本地水牛提高 2 倍以上，并开始选育我国乳肉兼用型水牛，产奶量达到 2200 千克，达到世界同类水牛中的先进水平。

（二）第二阶段（1986 ~ 1995 年）

奶业开发试点阶段。目的是促进水牛向乳、肉、役综合利用方向发展。1987 年，我国提出了水牛开发利用初步规划，农业部在广东、广西、四川三省（区）各搞 2 个水牛奶业开发试点县；1991 年，增加湖北、湖南两省，试点扩大到 5

省 12 县，同年，国家科委下达了国家“八五”星火计划重点项目——“华南水牛奶业项目”，在广西和广东实施；到 1995 年，项目区奶业开发试点工作成效显著，如广东形成了粤东、粤西、粤中、粤北四个奶源基地，水牛挤奶发展到 28 个县的 93 个乡（镇），挤奶水牛达 9150 头，产商品奶 6480 多吨，取得了很好的经济效益。

（三）第三阶段（1996 至今）

奶业开发起步阶段。引入国际管理、技术和资金，为进一步发展提供成功经验和模式。1996 ~ 2002 年，广西、广东、云南 3 省（区）成功实施了“中国—欧盟水牛开发项目”，成为我国水牛研究和开发的重要基地。项目吸收了国外资金、技术和管理经验，改善了项目区科研条件，完善了良种培育和冻精生产、配种网络、服务体系等基础设施，种牛生产能力和生产性能得到提高；并培养了一批技术骨干，建立了一批奶水牛业开发示范基地，摸索出一套发展水牛生产的信贷模式，并带动了其他地区的共同发展；同时改变了农民对水牛的传统观念，增加了农民的就业机会，初步改善了农民，特别是少数民族地区和贫困山区农民的经济状况。“中国—欧盟水牛开发项目”的成功实施，为我国南方奶水牛开发提供了成功经验和发展模式，加快了广西、云南、广东奶水牛业发展，并带动贵州、湖南、湖北、福建、江西等地相继引进种源，开展本地水牛杂交改良和奶业开发。

据初步统计，目前全国存栏奶水牛（杂交母牛）115 万头，已挤奶的水牛为 8 万多头，主要分布在广西、云南、广东、福建、浙江等省份，年产水牛奶 25 万吨左右，不到全国奶产量的千分之一。水牛乳制品主要有两种加工方式：一是民间传统水牛乳制品，主要有奶饼、姜汁奶、双皮奶、奶豆腐、炸牛奶、炼乳等；二是工厂化水牛奶产品，主要有巴氏消毒奶、酸奶、乳饮料等，少数企业开发奶酪产品。同时，水牛杂交改良和奶业开发势头良好，南方各省相继开展了水牛杂交改良和奶业开发，年配种数约 40 万头，取得了显著的社会效益和经济效益。

二、存在的问题和差距

目前，我国水牛生产与世界奶水牛业发展之间仍存在较大差距，主要表现在以下几个方面：

（一）应用方向不同，水牛乳用开发基础薄弱

国外水牛大国，如印度、巴基斯坦、意大利等国，很早就以水牛乳用为主要开发目的，尤其是20世纪70年代以来发展更加迅速，并已建立了很好的产业开发基础。而我国由于历史原因水牛长期作为役用，即使在引进河流型乳用水牛推广杂交改良以后，由于缺乏市场需求的巨大动力，而忽略了水牛奶这一潜在奶源的巨大利用价值。因此在政策、资金等方面支持力度不够的情况下，农村经济组织和农民群众也缺乏发展奶水牛业的积极性，水牛饲养和利用状况几十年来几乎不变，致使水牛乳用开发基础一直比较薄弱。

（二）发展速度慢、规模小，生产性能亟须提高

我国自20世纪70年代较大规模地开展水牛杂交改良和奶业开发以来，水牛挤奶（含本地水牛）数量和总产奶量的发展速度仍远跟不上国外水牛大国。目前，奶水牛开发较好的地区为广西、云南等省份，但相对全国1670万头水牛而言，开发规模还非常小，而且没有对产奶水牛进行遗传评估，缺乏系统的选种选育，群体产奶量低，生产性能亟须提高。

（三）水牛科技落后

尽管对水牛进行了科学的研究和应用，但在国际上亦相对落后于奶牛和肉牛。而意大利、保加利亚、印度、巴基斯坦等国，在水牛基础研究以及育种繁殖、营养饲养、乳制品加工等方面进行了大量的研究并应用生产实际，取得很好的经济效益。我国在水牛研究和开发方面长期缺乏重视，而且由于投入不足导致研究机构缺乏、人员不足，科研基础薄弱、研究工作缺乏系统性以及成果难以推广等问题。

（四）乳制品开发滞后

我国水牛乳制品仍以大众化的液态乳和民间乳制品为主，没有真正利用好原料乳的加工优势，水牛奶的原料优势并没有充分转化为产品优势，以致水牛乳制品市场迟迟打不开局面。因此，必须借鉴国外的经验，如意大利水牛奶酪的经验，把水牛乳制品定位于全球乳制品的最高点，开发国外市场，参与国际竞争，才有可能反过来进一步拓宽国内市场。

（五）发展机制不完善

印度将水牛奶业当作一个关系国计民生的支柱产业，采取了各种优惠政策来支持奶业发展，形成了世界上发展中国家发展水牛最好的奶牛生产合作社，即“阿南德模式”。我国也制定了一系列加快奶业发展的政策和措施，有效地加快

了以荷斯坦奶牛为主导的奶业发展，但对于奶水牛，国家还没有制定和实施推动奶水牛产业发展的可行性规划、政策和措施。

总之，与世界奶水牛业的发展相比较，我国奶水牛业在政策和资金投入、科研机构建设、基础研究和应用技术研究、水牛种源供应、高新技术发展等方面，乃至整个发展机制的建立和运行上都存在着较大差距，亟须加大各方面的重视和努力，才可能得到有效改善。

第二章　国际国内奶水牛品种发展现状

第一节　中国水牛

一、品种产地

中国是一个水牛资源极其丰富的国家，主要集中于两广、两湖、云、贵、川等8个省（区），约占全国水牛总数的80%。

中国水牛基本属于沼泽型水牛，其原种来源、外形特征、生物特性和生产性能等基本相似，同属一个水牛种类，但因各地饲养的生态条件差异而形成不同体型的类群，以地方产区命名可分4个类群：大体型的滨海水牛、湖泊型的湖区水牛、山地型的高原水牛、小体型的华南水牛。

二、体型外貌

中国水牛毛色多为青灰色，极少有白色。下颌两侧有一白色毛簇；颈胸部有一两道白环；下腹和四肢膝下部为灰白色；头长短适中，额平；口鼻大、鼻镜黑色；角基部方形，向角端渐成圆尖，向左右平伸呈镰刀形；体躯粗重，胸部发达；背腰宽平，腹大，肋骨弓张良好；腰角大突出，臀尻倾斜，后躯发育较差；尾粗短；四肢粗壮，较短呈弧形；蹄圆大，质地坚实，黑色；乳房较小不丰满，乳头短小，乳静脉不够显露。

三、生产性能

（一）繁殖性能

公牛18月龄有性欲表现，如尾随或爬跨发情母牛，30～36月龄参加配种。母牛初情期628.9天 ±82.8天（72头），初配期922.1天 ±151.8天（69头）；发情周期21.9天 ±9.2天（78头），发情持续期53.9小时 ±22.4小时（53头）；妊娠期307.4天 ±9.5天（118头），产后发情期139.7天 ±88.7天（61头），产犊间隔475.3天 ±158.4天（39头），一般母牛一年半可产犊牛一胎。

（二）生长发育

以德宏水牛为例，其体重见表2–1，体尺见表2–2。

表2–1　德宏水牛体重　　（单位：千克）

性别	初生		12月龄		24月龄		成年	
	头数	体重	头数	体重	头数	体重	头数	体重
公牛	6	30.5 ± 2.4	11	266.1 ± 59.6	30	278.5 ± 45.5	115	571.3 ± 88.0
母牛	4	39.6 ± 1.9	9	219.3 ± 37.1	18	299.3 ± 48.8	252	500.3 ± 65.7

表2–2　成年德宏水牛体尺　　（单位：厘米）

性别	头数	体高	体斜长	胸围	腰角宽	管围
公牛	115	131.1 ± 5.0	139.6 ± 9.7	199.1 ± 6.7	55.1 ± 3.7	24.4 ± 2.5
母牛	252	126.5 ± 5.9	132.6 ± 8.0	193.5 ± 7.3	54.3 ± 3.0	22.7 ± 1.4

（三）乳用性能

我国浙江省瑞安和广东潮汕平原等少数地区，利用本地水牛挤奶已有百多年的历史，当地人民用水牛乳制作“乳饼”“奶豆腐”“姜汁奶”等传统民间乳品流传迄今，说明本地水牛具有一定的泌乳能力。据华南农业大学资料统计，70头平均泌乳期280.4天 ±20.2天，泌乳量1092.8千克 ±207.4千克，平均日产3.8千克，最高单产6.6千克。微量元素以镁、锌含量高。维生素以维生素D含量高。

（四）肉用性能

过去一般利用老残水牛作肉用，未经肥育阉牛的屠宰率、净肉率和骨肉比分别为46.7%、37.3%和1∶3.8，牛肉肌纤维粗、品质差。若用小牛（19～21月）短期肥育（58天），日增重0.66千克 ±0.06千克，屠宰率、净肉率和骨肉比分别为（50.8±0.3）%、（39.3±0.3）%和1∶（3.4±0.04），不但能提高产肉性能，也能改善牛肉品质。

（五）役用性能

本地水牛主要作为役用。一般水牛2岁开始调教至3岁时正式使役，使役年限比黄牛长，可达17岁，甚至到25岁。因各地劳役条件差异较大，一般全年使役120天（现今不足60天），一头水牛日耕水田3～4亩（1亩≈666.7平方米，全书同）；戽水4小时可灌溉水田11亩。日拉木板载重800～1000千克，行程20～25千米。

四、适应特性

中国水牛是我国重要的畜力能源，体大力强；性温驯，耐粗饲；疾病少，易饲养；乳、肉生产潜力大，乳、肉质优良，营养价值高；利用年限长。中国水牛适应于我国亚热带、热带的自然环境条件下生存，是我国南方地区重要的畜种资源。

第二节　槟榔江水牛

一、品种产地

腾冲槟榔江水牛是我国发现的唯一的河流型水牛，槟榔江水牛是牛科，水牛亚科，属亚洲水牛种，河流型水牛亚种中的一个地方类群。该群体主要分布于云南省保山市腾冲县（现腾冲市，全书同）槟榔江河谷一带，有2000多年的饲养历史。经历了长期闭锁繁衍和风土驯化，形成了适应当地气候环境的独特水牛群体，是乳、肉、役兼用的河流型水牛品种，现有群体4260多头。

二、体型外貌

槟榔江水牛被毛稀短，以黑色为主；皮薄油亮，皮肤黝黑；大腿内侧、腹下毛色淡化，未成年个体部分毛尖呈现棕褐色。大约20%的个体有“白袜子”

现象，即四肢下部以及耳毛，唇周毛白色。有少量个体呈现白额、白尾帚、白胸月，无晕毛、沙毛的现象。头长窄，额凸，额部无长毛；鼻平直，鼻镜眼睑黑色；耳壳薄，耳端尖，平伸；角基扁，角形螺旋形、小圆形、大圆环以及前弯角均有，黑色，螺旋形居多，约50%；无肩峰、颈垂和脐垂，胸垂大小与营养状况呈正相关；母牛乳静脉明显，盆状乳房，主要为黑褐色，白袜子个体乳房粉红色；尾至后管，部分到飞节，尾帚毛密中度；蹄质坚实、黑色；颈细，长短适中，水平颈，鹿颈形；头颈、颈肩背、背腰、腰尻结合良好，背腰平直，胸宽适中，良腹，斜尻；四肢发育正常，肢势良好；体质结实，结构匀称，母牛后躯发达，侧视楔形，整体结构中度。

（一）繁殖性能

母牛初情期30月龄，一般36月龄初配。发情多集中在8～11月，发情周期平均21天，发情持续期2～4天，妊娠期平均310天，生命周期20年，一般利用年限15年。公牛初情期24月龄，有爬跨反射，30月龄性成熟，适配年龄42月龄。该品种目前都采用本交，未进行人工授精，公母本交配种比例1∶30。种公牛一般利用年限10年，生命周期约20年。

（二）生长发育

正常饲养条件下，腾冲市畜牧兽医局通过测定10头成年公牛，50头成年母牛，成年公牛体重475.60千克 ±55.48千克，成年母牛体重430.20千克 ±57.15千克。成年槟榔江水牛体尺情况见表2–3。

表2–3　成年槟榔江水牛

性别	头数	体高（厘米）	体长（厘米）	胸围（厘米）	胸围指数（%）	管围（厘米）
公牛	10	138.20 ± 5.4	146.50 ± 8.94	193.00 ± 8.52	139.60	21.20 ± 1.00
母牛	50	131.80 ± 3.3	139.20 ± 7.59	194.20 ± 9.66	147.30	20.40 ± 0.85

（三）乳用性能

据水牛良繁场提供的31头母牛测定资料，槟榔江水牛平均泌乳天数269天，平均一个泌乳期产奶量达2452千克/头，最高产奶量3685千克/头。另外，通过民间调查产奶母牛60余头，一个产奶周期产奶量约1800千克/头。2006年由云南农大重点实验室对31头槟榔江水牛乳样进行测定，其中乳脂肪（6.73 ± 0.47）%，蛋白质（4.05 ± 0.14）%，乳糖（4.99 ± 0.06）%，无脂全固体

（9.99±0.19）%，全乳固体（16.73±0.56）%。

（四）肉用性能

槟榔江水牛屠宰率、净肉率和骨肉比分别为（50.8±0.3）%、（39.3±0.3）%和1:（3.4±0.04）。对测定牛群中的5头成年牛（其中公牛2头，母牛3头）进行屠宰测定，屠宰率、净肉率、眼肌面积，公牛分别为41.30%、33.37%、29.5平方厘米，母牛分别为44.40%、30.42%、35.8平方厘米。

（五）役用性能

槟榔江水牛主要作为役用。2岁开始调教至3岁时正式使役，使役年限15~20年，5~10岁役用能力最强。

第三节　摩拉水牛

一、品种产地

摩拉水牛原产于印度北部的哈里亚纳邦、旁遮普邦和德里直辖区，该国饲养摩拉水牛3860万头，占世界水牛总数的46.5%，摩拉水牛是印度产乳量高的乳用品种。据统计，2012年全国产乳量6600万吨。

二、体型外貌

摩拉水牛被毛通常为黑色，尾帚白色；体质坚实，躯体深厚，体高而长。公牛头粗重，母牛头较小清秀；角短而向后向上，内弯曲呈螺旋形；公牛颈厚，母牛颈长薄，无垂皮；公牛前重后轻，母牛前躯轻狭，后躯厚重，背腰平直，肋骨张开，斜尻，尾细长而柔软；四肢强健，肢势良好，蹄质坚硬；乳房发达，乳头大小适中、距离宽，乳静脉弯曲明显。

三、生产性能

（一）繁殖性能

在良好饲养管理条件下，摩拉水牛公牛24~36月龄开始采精配种。母牛初情期663.0天±228.4天（4头），初配期1071.4天±368.9天（52头），头胎产犊年龄较晚，为1435.1天±307.9天（110头）；发情周期22.9天±3.1天（21头），发情持续期2~3天；摩拉母牛配妊时间也较长，为115.6天±107.2天（46头），产后发情期66.9天±10.4天（33头），产犊间隔 471.4 天 ±168.9 天（169 头），一般母牛一年至一年半可产犊牛一胎。

（二）生长发育

据广西水牛研究所材料，摩拉水牛体重见表 2–4，体尺见表 2–5。

表 2–4　摩拉水牛体重　（单位：千克）

性别	初生		12 月龄		24 月龄		成年	
	头数	体重	头数	体重	头数	体重	头数	体重
公牛	105	38.4 ± 5.0	63	277.0 ± 70.6	19	353.7 ± 51.3	6	888.0 ± 117.8
母牛	141	36.0 ± 5.6	114	237.0 ± 57.0	72	377.5 ± 76.8	51	622.4 ± 72.1

表 2–5　成年摩拉水牛体尺　（单位：厘米）

性别	头数	体高	体斜长	胸围	管围	腹围	腰角宽
公牛	4	147.5 ± 4.4	166.6 ± 9.4	239.5 ± 27.2	26.9 ± 1.6	261.8 ± 24.0	70.0 ± 9.1
母牛	54	139.1 ± 4.7	159.5 ± 6.6	212.7 ± 7.9	23.0 ± 1.0	250.5 ± 12.7	61.7 ± 3.6

（三）乳用性能

据广西水牛研究所对摩拉水牛泌乳 237 头次资料统计，平均泌乳期 324.7 天 ±73.6 天，泌乳量 2132.9 千克 ±578.3 千克，平均日产 6.6 千克，最高日量 17.4 千克。

摩拉水牛乳常量营养成分：固体物率（16.7 ± 0.6）%，蛋白率（4.1 ± 0.1）%，乳脂率（6.7 ± 0.5）%，乳糖率（5.0 ± 0.1）%，粗灰分率（0.8 ± 0）% 和非脂固体率（10.0 ± 0.2）%，这些指标均介于本地水牛和杂种水牛乳之间。摩拉水牛乳含 18 种氨基酸总量 3767 毫克 /100 毫升，其中亮氨酸、赖氨酸等 9 种必需氨基酸 1768 毫克 /100 毫升，占总量 46.9%。微量元素以钠、钾、钙含量高；维生素以维生素 C 和维生素 D 含量高。

（四）肉用性能

摩拉水牛在 19 ~ 24 月龄育肥 65 天，日增重 0.41 千克 ±0.20 千克；屠宰率、净肉率和骨肉比分别为（53.7 ± 3.6）%、（41.9 ± 3.1）% 和 1∶（3.8 ± 0.1）。摩拉水牛肉含 19 种氨基酸 19.610 克 /100 克，其中赖氨酸、亮氨酸和精氨酸等 9 种必需氨酸 9.898 克 /100 克，占总量 50.5%。微量元素以钾、磷和镁含量高。

四、适应特性

摩拉水牛经过40年的繁育，已繁殖了新的世代，该品种在繁殖性能、生长发育、产乳性能和产肉性能均与原产地相当。在我国南方亚热带环境下，具有耐热、耐粗饲、抗病力强、生长正常、适应性强等特点。但是，摩拉水牛性情偏于神经质，对外界刺激反应敏感，应加强调教和培育。

第四节　尼里－拉菲水牛

一、品种产地

尼里－拉菲水牛原产于巴基斯坦旁遮普省尼里河流域和拉菲（Ravi）河沿岸一带。该品种原为尼里水牛和拉菲水牛两个品种，因各自来源于不同地区，由于交通改善，水牛经常交流，导致两个品种水牛间杂交，现将两个品种当作尼里－拉菲水牛一个品种看待。全巴基斯坦各邦均饲养尼里－拉菲水牛，约占全国水牛总数70%，尼里－拉菲水牛是世界著名的乳用水牛。该国人民非常重视水牛的发展，人民爱水牛如命，美称为“黑色金子”。

二、体型外貌

尼里－拉菲水牛毛色为黑色，在前额、颜面部、鼻镜、腿部和尾帚均为白色，眼球有玉石眼或部分玉石眼；角短，角基广向下后方卷曲；体躯深厚，躯架低宽；公牛头颈粗壮，母牛头清秀，颈长而薄；胸深发育良好，胸部广阔适度；无胸垂，脐摺小，躯干长而深，背腰广平；公牛前躯重，后躯轻，肌肉丰满，母牛前躯较窄，后躯宽广，呈楔形；四肢坚实，公牛蹄质坚实而直立，而母牛略斜；尾附着良好，尾扫长过飞节，有一簇白色拖地；乳房发达，向前后伸展，乳头长而匀称，乳静脉显露，长而曲折向前延伸。

三、生产性能

（一）繁殖性能

在良好饲养管理条件下，尼里－拉菲公水牛在24～36月龄开始采精配种。

母牛初情期较长773.0天 ±145.7天（2头），初配期1079.0天 ±249.0天（53头），头胎产犊年龄与摩拉水牛相似，为1439.9天 ±246.7天（103头）；

发情周期22.0天 ±3.3天（26头），发情持续期2天左右；妊娠期305.2天 ±9.0天（131头），产后发情期67.7天 ±54.9天（37头），产犊间隔531.9天 ±281.3天（125头），一般母牛一年半可产犊牛一胎。

（二）生长发育

据广西水牛研究所材料，尼里－拉菲水牛体重见表2–6，体尺见表2–7。

表2–6　尼里－拉菲水牛体重　（单位：千克）

性别	初生		12月龄		24月龄		成年	
	头数	体重	头数	体重	头数	体重	头数	体重
公牛	90	40.0 ± 4.8	59	271.1 ± 60.4	14	347.1 ± 69.1	8	821.1 ± 98.1
母牛	103	37.0 ± 4.6	68	256.4 ± 69.2	55	391.2 ± 92.7	53	659.8 ± 96.1

表2–7　成年尼里－拉菲水牛体尺　（单位：厘米）

性别	头数	体高	体斜长	胸围	管围	腹围	
公牛	5	143.0 ± 4.0	154.2 ± 1.7	230.1 ± 7.2	25.7 ± 0.8	253.7 ± 13.3	68.4 ± 2.6
母牛	53	135.8 ± 6.8	159.6 ± 6.5	217.1 ± 13.0	23.0 ± 1.0	256.0 ± 18.1	62.0 ± 3.8

（三）乳用性能

据广西水牛研究所对尼里－拉菲水牛泌乳164头次资料统计，平均泌乳期316.8天 ±83.6天，泌乳量2262.1天 ±663.0千克，平均日产7.1千克，最高日量18.4千克。尼里－拉菲水牛泌乳高产纪录有17头20个泌乳期泌乳量超过3000千克，也有2头水牛在8～10个泌乳期一生总泌乳量达21420.8～23351.9千克，超过摩拉水牛终生的泌乳水平。

尼里－拉菲水牛乳常量营养成分：固体物率（16.4 ± 0.6）%，蛋白率（4.1 ± 0.3）%，乳脂率（6.4 ± 0.3）%，乳糖率（4.7 ± 0.1）%，粗灰分率（0.8 ± 0）%和非脂固体率（10.1 ± 0.4）%。尼里－拉菲水牛乳含18种氨基酸，总量为2677毫克/100毫升，其中亮氨酸、赖氨酸等9种必需氨基酸含量为1216毫克/100毫升，占总量的45.4%。微量元素以钠、钙、钾含量高；维生素以维生素C和维生素E含量高。

（四）肉用性能

尼里—拉菲公牛在19～24月龄育肥68天，日增重0.43千克 ±0.16千克；

屠宰率、净肉率和骨肉比分别为（50.1±2.3）%和1:（3.6±0.5）。尼里–拉菲水牛肉含19种氨基酸，总量为20.093克/100克，其中赖氨酸、亮氨酸和精氨酸等9种必需氨基酸含量为10.324克/100克，占总量的51.4%。微量元素以镁、钾、磷含量高。

四、适应特性

尼里–拉菲水牛在我国饲育30多年，也繁殖了新的世代，繁殖性能、生长发育、产乳性和产肉性能等生产性能均与原产地相当。在我国自然环境条件下，该品种表现出耐粗饲、群性好、耐热力和抗病力等适应性强的特点，其体态比原产地水牛更加丰满，该牛性情温驯，作为乳用或肉用家畜是一大优点。

第五节　摩杂一、二代水牛

一、品种产地

我国从印度引进摩拉水牛后，在20世纪50年代后期至60年代初期，广西和广东两省开始采用摩拉水牛与本地水牛进行杂交。云南省于20世纪70年代开始，采用摩拉水牛与本地水牛杂交所繁殖的后代［M×L→F_1（M. L）］，即摩杂一代水牛（血液含量是摩拉水牛占50%，本地水牛占50%）；20世纪90年代后，一些地区摩拉公水牛与摩杂一代母水牛杂交繁殖的后代［M×ML→F_2（M.ML）］，即摩杂二代水牛（血液含量是摩拉水牛占75%，本地水牛占25%）。

二、体型外貌

摩杂一、二代水牛毛色通常为黑色或灰黑色，颈下至胸部无白环，尾扫常有白色；角基部比本地水牛宽而厚，角呈半卷曲状；体型较本地水牛高大，躯部深而厚；公牛头较粗重，母牛头颈清秀稍长；背腰平直，后躯丰满，四肢健壮、肢态良好；乳房发育较好。

三、生产性能

（一）繁殖性能

一般摩杂一、二代公牛由于不留作种用而无繁殖记录。在良好饲养管理条件下，摩杂一、二代母牛初情期分别为667天（1头）和804天（9头），初配期分别为 979.3 天 ±138.9 天（4 头）和 1225.0 天 ±224.0 天（9 头），发情周期分别为 21.6 天 ±2.8 天（29 头）和 22 天（9 头），发情持续期 2 天半，妊娠期分别为 310.4 天 ±13.7 天（76 头）和 310 天 ± 天 16.0 天（9 头），产后发情期长分别为 167.6 天 ±139.3 天（67 头）和 45 天 ±20 天（8 头），产犊间隔分别为 535.6 天 ±184.8 天（70 头）和 473.9 天 ±141.8 天（11 头），一般母牛一年半可产犊牛一胎。

（二）生长发育

据《云南省水牛乳肉兼用性能杂交组合研究》课题材料，摩杂一、二代水牛体重见表 2-8，24 月龄摩杂一、二代体尺见表 2-9。

表 2-8　摩杂一、二代水牛体重　　（单位：千克）

牛种	初生		12 月龄		成年	
	头数	体重	头数	体重	头数	体重
摩杂一代	152	34.64 ± 4.51	99	290.39 ± 43.92	63	458.49 ± 54.68
摩杂二代	65	37.03 ± 4.46	35	217.58 ± 32.40	57	492.02 ± 31.98

表 2-9　24 月龄摩杂一、二代水牛体尺　　（单位：厘米）

牛种	头数	体高	体斜长	胸围	腹围	臀围
摩杂一代	119	133.65 ± 8.61	132.83 ± 13.19	189.23 ± 24.35	208.58 ± 19.96	91.32 ± 10.50
摩杂二代	36	126.28 ± 6.59	122.83 ± 6.09	184.10 ± 7.6	203.45 ± 11.94	91.33 ± 12.95

（三）乳用性能

据大理州水牛奶业开发试验示范场测定，摩杂一代水牛（80 头次）平均泌乳期 348.45 天 ±162.62 天，泌乳量 1427.82 千克 / 头 ±217.48 千克 / 头，优秀个体头胎最高乳量 2645.3 千克 / 头，平均日产 6.01 千克 / 头，最高日产量 10.2 千克 / 头。摩杂二代水牛（34 头次）平均泌乳期 382.91 天 ±180.05 天，泌乳量 1654.25 千克 / 头 ±714.75 千克 / 头。优秀个体最高乳量达到 3369.00 千克 / 头，平均日产量 6.49 千克 / 头，最高日产量 13.6 千克 / 头。通过杂交改良结果说明，摩杂一、二代水牛泌乳量均比本地水牛明显提高。据《云南省水牛乳肉兼用性能杂交组合研究》课题材料：摩杂一代水牛乳常量营养成分分析：固体率（19.01 ± 1.05）%，蛋白率（4.67 ± 0.60）%，乳脂率（8.51 ± 0.68）%，乳糖率

（5.15 ± 0.11）%，粗灰分率（5.34 ± 1.31）%，非脂固体率（10.50 ± 0.57）%，钙（1.15 ± 0.31）%，磷（0.72 ± 0.14）%；摩杂二代水牛乳常量营养成分分析：固体率（17.75 ± 2.43）%，蛋白率（4.67 ± 0.80）%，乳脂率（5.94 ± 2.93）%，乳糖率（5.06 ± 0.22）%，粗灰分率（5.19 ± 1.52）%，非指固体率（9.86 ± 0.52）%，钙（1.11 ± 0.29）%，磷（0.7 ± 0.17）%。

（四）肉用性能

据《云南省水牛乳肉兼用性能杂交组合研究》课题材料，摩杂一代在 24 月龄育肥屠宰结果，屠宰率、净肉率和骨肉比分别为 54.35%、39.21% 和 1 : 3.93。

（五）役用性能

在年龄、体况比较一致，试验条件相同的情况下，表明摩杂水牛在挽力、最大挽力、耕作面积、耕速和持久力等役用性能上都胜过本地水牛，如广西水牛研究所试验结果，摩杂一、二代水牛的农耕挽力分别为 80.6 千克和 88.6 千克，比本地水牛分别提高 24.0% 和 36.3%；耕作面积分别为 0.73 亩 / 时和 0.55 亩 / 时，比本地水牛分别提高 52.1% 和 14.6%。

四、适应特性

摩杂一、二代水牛耐粗饲、耐热力、抗病力强、适应性能好，具有较好的产乳、产肉性能，但其产乳量与尼杂水牛相比还不甚理想。其主要不足之处是因受摩拉水牛遗传基因的影响，对外界反应敏感，还具有一定的神经质类型，性情不如本地水牛温驯，应加以调教和培育。

第六节　尼杂一、二代水牛

一、品种产地

我国由巴基斯坦引进尼里 – 拉菲水牛后，在 20 世纪 70 年代中后期，广西首先采用尼里 – 拉菲水牛与本地水牛进行杂交所繁殖的后代［$N \times L \rightarrow F_1$（NL）］，即为尼杂一代水牛（血液含量是尼里 – 拉菲水牛和本地水牛各占 50%）；若再用尼里 – 拉菲公牛与尼杂一代母牛级进杂交而繁殖的后代［$N \times L \rightarrow F_2$（N.NL）］，即为尼杂二代水牛（血液含量是尼里 – 拉菲水牛占 75%，本地水牛占 25%）。

二、体型外貌

尼杂一、二代水牛全身灰黑色，尾帚较长，常有少量白毛。该牛结构匀称，体型中等；头较轻、脸秀长、口鼻方；角根粗，角由两侧向上向内弯曲而弯度较大；颈适中、胸宽深、腹围大，肋骨开张良好；背腰宽平，后躯宽广而尻倾斜；四肢强健、蹄质坚实呈黑色；乳房中等，乳头匀称较短较细，乳静脉明显。

三、生产性能

（一）繁殖性能

根据广西水牛研究所记录材料，在良好饲养条件下，尼杂一代母牛初情期 659.0 天 ±56.6 天（2 头），尼杂一、二代母牛初配期分别 1079.6 天 ±460.3 天（5 头）和 916.7 天 ±201.9 天（3 头）；发情周期分别 23.7 天 ±3.1 天（16 头）和 22 天（1 头）。尼杂一代母牛受妊情况（11 头）：尼杂一、二代母牛妊娠期分别 306.6 天 ±13.7 天（11 头）和 306.7 天 ±3.8 天（3 头）；产后发情期分别 62.8 天 ±46.0 天（12 头）和 37 天（1 头）。总的来说，尼杂水牛繁殖性能是正常良好的。

（二）生长发育

据《云南省水牛乳肉兼用性能杂交组合研究》课题材料，尼杂一代水牛体重见表 2–10，24 月龄尼杂一代公牛体尺见表 2–11。

表 2–10　尼杂一代水牛体重　（单位：千克）

牛种	初生		12 月龄		24 月龄		成年	
	头数	体重	头数	体重	头数	体重	头数	体重
尼杂一代	80	35.02 ± 4.02	56	266.46 ± 37.47	1	392.82 ± 83.67	27	460.68 ± 39.63

表 2–11　24 月龄尼杂一代公牛体尺　（单位：厘米）

牛种	性别	头数	体高	体斜长	胸围	腹围	臀围
尼杂一代	公牛	58	130.03 ± 6.18	131.55 ± 14.56	192.25 ± 18.19	215.48 ± 17.20	92.54 ± 13.77

（三）乳用性能

据大理州水牛奶业开发试验示范场测定，尼杂一代平均泌乳期为 396 天（2 头次），泌乳量为 2226 千克，平均日产量分别为 5.62 千克，最高日产量为 11.5 千克。

（四）肉用性能

尼杂一代 24 月龄屠宰率为（54.33 ± 1.94）%，净肉率（43.67 ± 1.29）%，骨肉率（3.66 ± 0.60）%。牛肉常量营养成分：水分（70.82 ± 2.60）%，粗蛋白质（25.32 ± 2.22）%，粗脂肪（5.96 ± 0.23）%，粗灰分（0.73 ± 0.06）%。

四、适应特性

尼杂一、二代水牛性温驯、群性强、耐粗饲、牧性好、保膘性能好、耐热力和抗病力等适应性能强，这种水牛继承了尼里 – 拉菲水牛体躯宽广、性情温驯等优良遗传性状，令人满意。

第七节　三品杂水牛

一、品种产地

云南省在 20 世纪 70 年代后期由广西引进摩拉水牛后，采用摩拉水牛与本地水牛杂交繁殖摩杂一、二代水牛；到了 20 世纪 90 年代中后期又引进尼里 – 拉菲水牛，采用尼里 – 拉菲公牛与摩杂一代母牛进行三个品种的三元杂交所繁殖的后代［$N \times ML \rightarrow F_2$（N.ML）］，即三品杂水牛（血液含量是尼里 – 拉菲水牛占 50%，摩拉和本地水牛各占 25%）。

二、体型外貌

三品杂交水牛毛色灰黑色、尾帚有较长的白毛，少量只有额部有白斑或玉石眼（具有尼里 – 拉菲水牛的遗传基因）。体躯深厚，体宽背平、腹围圆大、后躯发达、肌肉丰富；头部中型，角呈半卷曲型，头颈结合良好；四肢健壮，蹄质坚实；乳房发育良好，乳头大小适中，乳静脉显露。

三、生产性能

（一）繁殖性能

三品杂及其三品杂互交子一代公牛 24 ~ 36 月龄开始采精配种。

在良好饲养条件下，三品杂母牛初情期654天 ±167.6天（21头），初配期1056天 ±210天（21头），发情周期21.5天 ±7天（21头），发情持续期3天（21头）；妊娠期308天 ±7天（21头），产后发情期50天 ±15天（21头），三品杂母牛一年多可产犊牛一胎。

（二）生长发育

据《云南省水牛乳肉兼用性能杂交组合研究》课题材料，三品杂水牛体重见表2-12，24月龄三品杂水牛体尺见表2-13。

表2-12　三品杂水牛体重　（单位：千克）

牛种	初生		12月龄		24月龄		成年	
	头数	体重	头数	体重	头数	体重	头数	体重
三品杂水牛	41	40.21 ± 3.63	29	225.13 ± 22.00	23	394.25 ± 46.45	0	0

表2-13　24月龄三品杂水牛体尺　（单位：厘米）

牛种	头数	体高	体斜长	胸围	腹围	臀围
三品杂水牛	25	127.93 ± 9.65	121.43 ± 12.53	179.68 ± 6.04	212.88 ± 9.69	101.89 ± 3.54

（三）乳用性能

据广西水牛研究所材料：三品杂水牛（8头次）平均泌乳期317.6天 ±78天的泌乳量2294.6千克 ±772.1千克，平均日产量7.22千克，最高日产量18.8千克。

（四）肉用性能

三品杂屠宰率（55.32 ± 4.92）%，净肉率（41.97 ± 3.77）%，骨肉比1∶（3.12 ± 0.23）。牛肉常量营养成分（三品杂水牛以背长肌和肋骨肉样品分析）：水分（69.67 ± 3.79）%，粗蛋白质（25.66 ± 0.93）%，粗脂肪（8.80 ± 5.37）%，粗灰分（0.77 ± 0.15）%。

四、适应特性

三品杂水牛一般性温驯、群性强，具有耐粗饲、牧性好，对青粗饲料利用能力强，保膘性能好，一年四季保持良好的营养体态，耐热力和抗病力等适应性能也较强。由于利用尼里－拉菲水牛的优良遗传基因，使其杂交后代获得能够适应环境和性情温驯，这对于作为乳用、肉用或役用家畜都非常重要。

第三章　水牛杂交改良和育种

第一节　水牛杂交改良的意义

水牛是一个古老的草食家畜品种，云南省水牛在畜牧业中占有重要地位。与黄牛相比，水牛具有非常明显的优点且在许多方面有值得开发的经济和生态价值：一是水牛特别耐粗饲，其利用粗劣饲料转化为优质畜产品的能力特别强，对饲料粗纤维的消化利用能力达79.8%，比黄牛还高15.6%，它特别能利用黄牛所不能利用的粗劣饲料（包括较劣质的作物秸秆）最大限度地转化为优质畜产品；二是性情温驯，适应性强，容易饲养，抗蜱，并能适应南方高温、高湿的气候环境；三是乳质好，水牛奶的干物质和营养成分含量大大高于黑白花牛奶，据测算1千克水牛奶的总营养价值含量相当于2千克荷斯坦牛奶，而且水牛奶特别适合于乳制品加工，加工增值潜力大，在国际市场上，水牛奶制品都是高附加值的高档特色乳制品；四是利用年限长，奶水牛利用年限一般在15年以上，而荷斯坦奶牛仅7~8年；五是杂交水牛生长快、体格大，产肉性能好，饲养至2~3岁适时屠宰的水牛瘦肉多、脂肪少、肉质鲜美，水牛肉目前在国际市场上非常走俏；六是饲养奶水牛投入少成本低、效益高，饲养技术简单，农民容易掌握；七是水牛具有独特的抗病力和免疫力，奶、肉产品的食品安全性非常令人信服，属于优质绿色无公害食品。因此，水牛被FAO（世界粮农组织）认为是最具开发潜力和开发价值的家畜之一。

引进泌乳性能好的江河型乳用水牛品种对沼泽型役用水牛进行杂交改良，在此基础上充分开发水牛的乳用性能，已经成为当今国际水牛业的主要发展方向。近半个世纪以来，世界各国非常重视奶水牛产业开发，甚至包括欧美地区一些历史上并无水牛存栏的国家，都在努力引进水牛培植奶水牛业，许多沼泽型水牛存栏国正在努力推进沼泽型水牛向杂交型乳用水牛的改良，进而使用杂交型水牛挤奶。近十年间，国际水牛奶总产量增长了10倍，其增长幅度已经大大超过黑白花牛奶业，水牛奶业的快速发展已经成为当今世界奶业发展的最新动态和一个日益明显的发展特点。

我国有存栏水牛2281万头，占全球的13.2%，居世界第3位，是世界水牛资源大国，是发展奶水牛产业最具基础和潜力的国家之一。而云南省有280多万头水牛，存栏量仅次于广西，居全国各省区第2位，是我国实施水牛开发的重点区域之一。水牛大部分分布在从东南至西南的热带、亚热带区域，特别是澜沧江流域一带，在大理、德宏、普洱、红河、临沧、西双版纳等地有比较集中连片的分布。

从20世纪80年代以来，云南省大面积推广水牛杂交改良，为实施水牛奶业开发打下了坚实的基础。1998～2002年，中国—欧盟水牛开发援助项目在德宏和大理的实施，极大地促进了云南省的水牛冻精改良工作，使得水牛冻改推广遍及全省广大水牛存栏地区。

随着中国—欧盟水牛开发援助项目的实施，2001年云南省及时启动了水牛奶业开发工作，目前杂交水牛挤奶在大理、德宏、腾冲、广南等地迅速发展。通过巍山等地农村推广水牛挤奶的初步实践表明，一头杂交水牛挤奶年可出售鲜奶1.2吨，创产值1万元左右，农民可得纯利5000多元。云南省水牛存栏数超过全省养牛总数的1/3，而且水牛在云南省的分布范围十分广泛。丰富的水牛资源是云南省在实施西部大开发战略中的一项基础优势资源，是云南发展特色畜牧业的优势畜种。加快对云南省水牛的杂交改良和挤奶开发，培植水牛奶特色产业，无疑是云南省实施农村和农业产业结构调整的一个重要努力方向。加快对水牛资源的开发利用是云南发展特色畜牧业、外向型畜牧业及建设绿色经济强省和畜牧业大省的重点主攻方向之一。推进云南水牛杂交改良工作取得新的突破，积极示范推广水牛奶业开发技术，使这一技术深深扎根于广泛的农户基础之上，建立我国规模最大的奶水牛业生产基地，努力促进云南省水牛奶业的产业化发展，这是新世纪云南水牛业的发展方向和努力目标。

第二节　水牛杂交改良的目标和方向

中国水牛以役用为主，老残牛供肉食，仅少数地区生产乳品。因此，水牛的综合利用和经济效益都较低。随着我国改革开放、经济建设的发展，人民期望这种家畜除役用外，能发挥其乳、肉性能的潜力，培育水牛新类群。水牛的育种必然由役用转为乳用、肉用或乳肉、肉役兼用的方向发展，充分挖掘这一畜种资源，对于我国、我省水牛业发展具有深远的战略意义。

水牛杂交育种应遵循三个基本原则：

（1）要适应社会经济发展的需要。随着我国农业机械化水平不断提高和完善，役用水牛的需求量越来越小，市场上则需要大量的水牛乳品和肉品供应。

（2）要适应当地自然条件。要求水牛能够耐粗饲、耐湿热气候，对当地自然环境条件适应性强。

（3）要保留原有家畜的优良特性。由于水牛驯化和乳、肉性状利用的历史较短，要专用化生产一时不可能达到高度生产水平，只能首先考虑兼用生产，待达到一定规模和水平后才以专用生产为宜；还要保留水牛原有的优良特性，这样更有利于加速水牛育种和生产的发展。根据云南省水牛养殖现状，杂交繁育目标是：通过引进河流型摩拉水牛、尼里–拉菲水牛、地中海水牛对本地水牛进行杂交改良，最终培育出适应云南自然条件，耐粗饲、抗病力强的乳肉役兼用型水牛品种，提高经济效益，增加农民收入。

第三节　水牛杂交改良的方法

中国水牛属于沼泽型水牛，这类水牛细胞染色体核型 $2n = 48$，它有泡水和滚泥的自然习性，故称沼泽型水牛。沼泽型水牛一般体型较小，生产性能偏低，但耐粗饲、耐温热、抗疾病，适应性强，其用途以役用为主。这类水牛分布于中国、泰国、越南、缅甸、老挝、柬埔寨、马来西亚、菲律宾、斯里兰卡和印度阿萨姆等国家和地区，沼泽型水牛一般以产地命名。目前，云南省引进的摩拉水牛、尼里－拉菲水牛属河流型水牛，这类水牛细胞染色体核型 2n = 50，原产于江河流域地带，习性喜水，故称河流型水牛。河流型水牛体型大，乳用性能好，其用途以乳用为主，也可用作其他用途。这类水牛分布于印度、巴基斯坦、保加利亚、意大利和埃及等国家。河流型水牛和沼泽型水牛杂交后产生的后代，其细胞染色体核型呈多态性，可能出现 2n=50，49，48 三种类型，如中国、泰国、越南、菲律宾、印度尼西亚和马来西亚等国家都采用河流型的摩拉、尼里—拉菲水牛与本国沼泽型水牛杂交，可望培育乳用、肉用或兼用型水牛。若今后条件允许，引进意大利的地中海水牛对我省水牛进行杂交改良亦可望取得良好效果。

水牛杂交繁育方法：采用印度摩拉水牛（M）和巴基斯坦尼里－拉菲水牛（N）为父本；中国本地水牛（L）为母本进行两个品种的级进杂交方法或三个品种的育成杂交方法。

一、两个品种杂交组合模式

（一）采用摩拉公牛与本地母牛交配的级进杂交方法

采用摩拉公牛与本地母牛交配的级进杂交方法分三个阶段，见图 3-1。

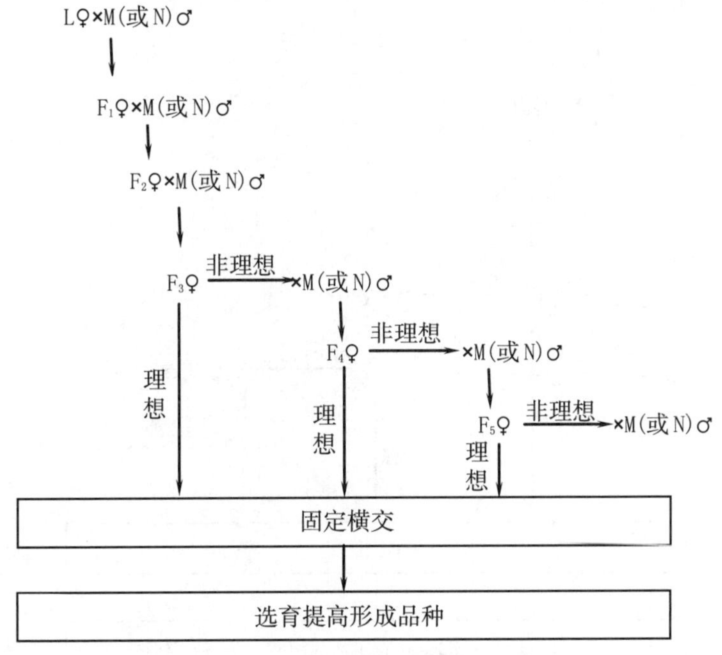

图3-1　摩（或尼）本级进杂交模式示意图

（1）第一阶段是品种杂交。用摩拉公牛与本地母牛进行级进杂交三代，到第三代以后进行选择，对符合育种目标的理想型个体可转入第二阶段自群繁育，对不符合育种目标的非理想型母牛进一步进行级进杂交改良，直至达到理想型。

（2）第二阶段是横交固定。即对三代以上的摩本或尼本杂交牛之间进行自群繁育，以达到固定优良基因的目的。

（3）第三个阶段是选育提高阶段。即在横交固定的基础上针对生产性能、适应性、抗病力、耐粗饲等方面进行选育，最终形成适宜于经济社会发展的水牛品种。

二、三个品种杂交组合模式

采用尼里－拉菲和摩拉公牛与本地母牛三个品种的育成杂交方法，见图3–2。

（1）第一阶段是品种杂交。用摩拉公牛与本地母牛或尼里公牛与本地母牛进行杂交产生 F_1（ML 或 NL），再用 MLF_1 和尼里或 NL F_1 和摩拉进行级进杂交到第三代以后进行选择，对符合育种目标的可转入第二阶段自群繁育，对不符合育种目标的非理想型母牛进一步进行级进杂交改良，直至达到理想型。

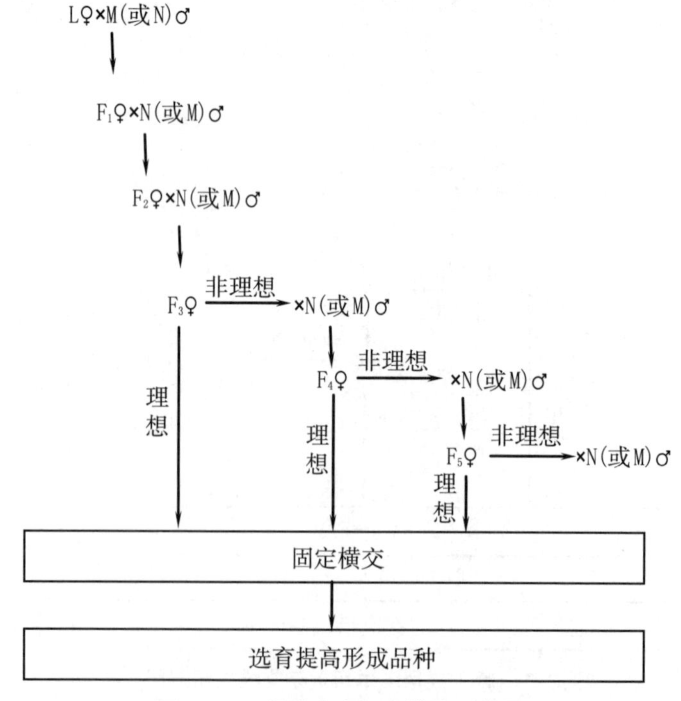

图3–2　三品种杂交组合模式示意图

（2）第二阶段是横交固定。即对三代以上的摩本或尼本杂交牛之间进行自群繁育，以达到固定优良基因的目的。

（3）第三个阶段是选育提高阶段。即在横交固定的基础上针对生产性能、适应性、抗病力、耐粗饲等方面进行选育，最终形成适宜于经济社会发展的水牛品种。

第五节　水牛的选种

选种是根据水牛动物特性和经济特性，在繁育工作中改进品质的最主要手段。选种乃是品种改良和培育工作中的一个重要环节，也是人工选择的理论和实践，以适合于生产方向最优秀的公、母牛作为种用，并通过鉴定种牛的选择方法，利用选出品质优良的种牛改进牛群，达到提高水牛生产效能的目的。

一、种牛品质的选择原则

（一）生产性能高

种牛应该具有较高生产能力、产品品质优良、生产效率较高、生产成本较低等特点，不但要评定生产力（公牛还要求体质外形等指标），也要注意饲料利用率。因此，应从经济效果来全面衡量种牛的生产性能是非常重要的，强调一切性状必须有利于生产。

（二）早熟和高繁殖力

水牛繁殖力是水牛生产最重要的综合经济性状之一。但因水牛饲养分散、产犊间隔长、妊娠期长，多产单犊等原因，在有效繁殖年限内能繁殖的后代数量少、繁殖力偏低。因此，对水牛早熟、繁殖力等繁殖性能的选择需要予以特别重点考虑。

（三）健康与结实

健康与结实是种牛的必备条件，这表明其既对自然环境的适应性强，又能承担高度生产力，是一切有益特性表现的基础。

（四）适应性强

种牛要求适应当地土壤、气候等自然条件和饲养管理等社会经济条件，适应性又表现为抗病力和耐粗性。只有在这个基础上，水牛才有可能表现出人们所希望的有益性状。

（五）具有稳定的遗传性

种牛不仅应该能大量繁殖后代，并且要求后代具有或超过祖先的优良性状，换言之，即种牛应有稳定的遗传性，能将其优良的性状传递给后裔。

总之，只有在当地特定环境条件下，表现出最适应、最健康、生产效能和繁殖力最高，且能巩固地将优良性状遗传给后代的种牛，才是优秀的种牛。

第六节　水牛的选配

一、选配方法

可分品质选配和亲缘选配两种。

（一）品质选配

也称选型交配。这是一种确定公、母水牛交配时，根据生产性状、生物学特性、外貌，特别是遗传素质等方面的品质间的异同情况而进行选配的方式。可分为同质选配和异质选配。

1. 同质选配

也称同型选配或选同交配。这是一种以主要经济性状表型值具有相似性优点为基础的选配方式，即选用性能表现一致，育种值均优秀的种公、母水牛交配，以期获得与双亲相一致或相似，甚至优于双亲的优秀后代。一般以性能一致，育种值高的优秀公牛与母牛群中前5%的种子母牛选配，其后代可作为育种公牛或种子母牛的基础。

同质选配的作用，主要使双亲的优良性状相对稳定地遗传给后代，其优良特性得以保持和巩固，并扩大牛群数量。在水牛育种中，为保持纯种公牛的优良性状，可增加群体中纯合基因型的比例，或导入杂交后出现理想个体时采用同质选配。为了提高同质选配的效果，选配应以一个性状为主，一般遗传力高的性状比遗传力低的性状的效果好。但是，若长期采用同质选配，遗传上缺乏创造性，适应性和生活力会下降。因此，在牛群中应交替采用不同选配。

2. 异质选配

也称异型选配或选异交配。这是一种以主要经济性状表型不同为基础的选配。异质选配的目的是将双亲优点集中于后代，创造一个新类型，或者以一亲代的优点去克服另一亲代的缺点与不足，使后代获得主要品质一致。采用异质选配可以综合双亲的优良特性，丰富牛群的遗传基础，提高水牛的遗传变异度；同时还可以创造一些新的类型。但是，异质选配使各生产性能趋于群体平均数，为了保证异质选配效果，必须坚持严格的选种和经常性的遗传参数估计工作。

选配的应用，在育种初期，为了获得和巩固一定的品质，以采用同质选配较为合适；到育种后期，所期望的类型已经大体形成，为了提高生活力和增强体质而采取不同品质，甚至异质选配合适。同时，选配工作应坚持一定时期或一定世代才能获得长期的改良效果。一次性的选配，不管是同质或异质，所获得的进展都可能很快消失，这是自然选择对人工选择的回归作用。

（二）亲缘选配

即在生产性能和特性特征的前提下，考虑公、母水牛之间建立交配亲缘关系远近的一种选配方法。若双方亲本有较近的亲缘关系，属于近交；反之，则为非亲缘交配，称为远交。

1. 近交

人们普遍知道“近交有害”，一般都避免近交。但是为了某种目的而采用有亲缘关系个体间的选配，其近交系数可超过 25%。因为近交能使后代的某些基因纯化，在培育高产水牛的工作中，如果能巧妙地运用近交的特点，可以收到意想不到的效果。其主要的用途：①固定优良性状。近交的基本效应是使基因纯合，因而可以利用这种方法来固定优良性状，近交多用于培育种公牛，使其优良性状稳定地遗传给后代。②剔除有害基因。通过近交基因趋于纯合，有害隐性基因得以暴露，将表现不良性状的个体淘汰，特别是带有致死或半致死基因的公牛不能使用。③保持优良个体的血统。借助近交，可能使优秀祖先的血液长期保持较高的水平。因此，在牛群中若发现某些出类拔萃的个体而需要保持其优良特性时，可考虑用这头公牛与其女儿交配，或子女间交配，或其他近交形式，以达到这个目的。④提高牛群的同质性。近交使基因纯合，可造成牛群分化，出现各种类型的纯合体，再结合选择可获得比较同质的牛群。若将各同质牛群间进行杂交，可以显示杂种优势，使后代一致，便于规范化饲养管理。

虽然近交对育种工作有好处，但近交会引起种质衰退，后代出现繁殖力下降、生长发育缓慢、死亡率增高、适应性差和生产性能下降等现象，应该给予高度的重视。

2. 远交

远交是与近交相对面言的选配方法。它是指有目的地应用无血缘关系公、母水牛间的选配。远交牛群中一般生产性状的改进和提高速度较慢，很少出现极优秀个体，一些优良性状也难以固定。

三、科学制订选配计划

1. 在制定选配计划前，必须了解和搜集有关水牛品种、种群、场群、个体历史情况、亲缘关系与系谱结构、生产性能上需巩固和发展的优点，以及必须改进的缺点等。对于公牛个体以往配种效果，母牛的同胞和亲属与各类公牛交配效果进行分析总结，得出亲和力最好的选配方案。为避免近交，要绘出一幅牛群系谱图以提供选配的依据。

2. 在制定选配计划时，以母牛为主，按照生产性能、生长发育、体型外貌、血统以及含外血比例等标准，将母牛分几个小群，并对每小群选配公牛，组成最合适的公、母牛的选配组合。当选配方案实施后，对下一代出现情况要进行调整，对优良公牛应尽可能扩大繁殖。

3. 制定选配计划应掌握以下选配原则：

（1）严格地根据既定的育种目标进行选配，加强优良特性，克服缺点。

（2）注意公、母牛的亲和力，特别关注公牛以往选配结果以及母牛同胞的选配结果，选择与各类母牛选配效果均最好的公牛，选择最好公牛配最好的母牛，产生最好的后代，以便巩固优良品质的遗传性。

（3）公牛的遗传素质要优于母牛，具有相反的缺点不能选配，以防缺点的发展和巩固。

（4）慎重使用近交，但不要绝对回避近交。

（5）根据不同情况进行品质选配，母牛优秀者进行同质选配，母牛欠佳或为了特定的育种目标进行异质选配。

第七节　水牛良种繁育体系的建立

一、水牛繁育体系的建立

水牛繁育体系是实施水牛杂交改良和育种工作的根本前提和基本保障，各项工作都要靠这一体系来实施。其中机构和基地的建设尤为重要。

（一）建立省级水牛良种育种机构

主要职能是负责制定全省水牛育种目标，拟定育种方案，制定水牛改良区域规划并组织实施水牛杂交改良。制定水牛育种计划、良种登记、后裔测定、繁殖体系等操作规程以及各项规章管理制度。组织开展水牛乳、肉产品的加工研制。

（二）建立水牛开发研究及技术培训机构

主要负责水牛饲养、管理、育种、繁殖的试验示范，负责水牛饲养、管理、育种、繁殖、疾病防治的关键技术研究，负责对全省从事水牛开发工作的技术人员的技术培训工作。

（三）建立水牛原种场和种公牛站为龙头的繁育体系

1. 水牛原种场主要职能

（1）承担摩拉、尼里－拉菲等河流型水牛引进任务，为水牛冷冻精液站、水牛繁殖场和农村水牛生产基地以及全省各地提供优秀纯种公牛，全面开展水牛杂交改良工作。

（2）承担水牛杂交育种试验，培育杂种水牛的任务，为水牛冷冻精液站、水牛繁殖场和农村水牛生产基地提供水牛杂交育种的方案模式和各类优秀杂种种公牛，以便扩大水牛配种繁殖工作。

2. 公牛站主要职能

（1）承担各类公牛配置（含本地公牛的选择）、冻精生产和供应工作。

（2）承担水牛种公牛后裔测定和良种登记等工作。

（3）指导示范区配种站开展牛只配种、繁殖技术操作，着重提高水牛受胎率和繁殖率。

（四）完善州县水牛育种机构与水牛繁育体系模式的运行机制

州县水牛育种机构主要职能，见图 3–3。

（1）负责本地区水牛改良区域规划。

（2）负责本地区改良计划的实施。

（3）负责改良配种数据的收集、整理、上报。

（4）负责优良杂交后代的建档、立卡及管理工作。

（5）负责效果的收集整理并提出改进意见。

（6）负责建立经常性的技术培训、咨询指导等专业性服务体系。

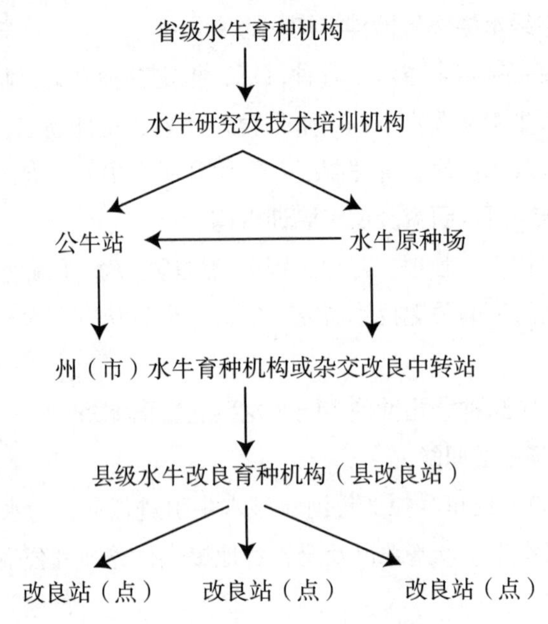

图3-3　水牛繁育体系模式示意图

 第四章　水牛的消化特点和营养需要

水牛是反刍动物，其采食和消化与单胃动物相比有明显的不同，具有反刍动物的共同特性，但也有它的种别特点。例如，水牛以耐粗著称，粗纤维消化率达 46.8%～62.7%（牛为 44.4%～51.5%）。它可把低等的非食用的饲草、饲料转化为高品质的奶，这种独特能力与其解剖生理学、营养学的特点密切相关。了解水牛的消化特点和营养需要，对指导水牛生产具有重要的意义。

第一节　水牛的采食特点

一、水牛的采食行为

水牛味觉和嗅觉敏感，喜欢食用青绿、多汁饲料和精料，其次是优质青干草、低水分青贮料，最不爱吃秸秆类粗饲料。虽然水牛通过训练可消耗大量的含有酸性成分的饲料，但仍喜食甜、咸味的饲料。

水牛的采食行为较粗糙，容易将异物吞入胃中，造成瘤胃疾病。因此，应防止异物混入草料中。水牛没有上门齿，采食时依靠灵活有力的舌将草料卷入口腔，依靠舌和头的摆动扯断牧草，匆匆咀嚼后便吞入瘤胃中。放牧和饲喂粗糙饲料时，采食时间延长，而喂软嫩饲料

时采食时间缩短。对切短的干草比长草采食量大，对草粉采食量少。如把草粉制成颗粒饲料时，采食量可增长。日粮中精料比例增加，采食量增加，但精料量占日粮干物质70%以上时，采食量随之下降。日粮中脂肪含量超过6%时，日粮中粗纤维的消化率下降；超过12%时，食欲受到限制。水牛的体温调节能力较差，气温过高、过低均延长采食时间。当环境温度从10℃逐渐降低时，可使牛对干物质的采食量增加5%～10%；当环境温度超过27℃时，食欲下降，采食量减少。因此，根据水牛的采食习性，夏天应以夜间（牧）为主，冬天则宜舍饲。日粮品质较差时，应延长饲喂时间，从而增加牛的采食量。

牛喜食新鲜的饲料，不爱吃长时间拱食而沾有鼻唇镜黏液的饲料。因此，饲喂时应做到少添、勤添，下槽后及时清扫饲槽，把剩下的草料晾干后再喂。变更饲料种类时，要有一段适应时间。

二、反刍行为

草料最初被水牛咀嚼，作用是很轻微的，只是使草料及唾液充分混合，形成食团，便于咽吞。当牛于采食后休息时，才把瘤胃内容物反刍到口腔进行充分咀嚼。犊水牛出生后15～25周龄时出现反刍。成年水牛一昼夜反刍5～8小时。东流水牛经观察，一昼夜反刍12次，每次约32分钟，平均32个食团，每个食团咀嚼56次，24小时内反刍时间7.5小时。观察德昌水牛反刍时，每5分钟反刍食团3～7个，每个食团咀嚼27～58次。反刍咀嚼非常重要，草料咀嚼愈细，愈可增加瘤胃微生物和皱胃及小肠中消化酶与食糜接触面积，饲喂水牛常以青粗饲料为主，咀嚼就更为重要。

由于水牛采食快，不经细嚼即将饲料咽下，采食完以后再行反刍。因此，给成年水牛饲喂整粒谷物时，大部分未经嚼碎而被咽下沉入胃底，未能进行反刍便进入瓣胃和真胃，造成过料，即整粒的饲料未被消化，随粪便排出。未经切碎或搅碎的块根、块茎类饲料喂水牛，常发生大块的根茎饲料卡在食道部，引起食道梗阻，可危及水牛的生命。水牛的舌上面有许多尖端朝后的角质刺状突出物，故食物被舌卷入口中就难以吐出，如果饲料中混入铁钉类尖锐异性物时，就会随饲料进入胃中，当水牛进行反刍，胃壁强烈收缩，尖锐物可刺破胃壁，甚至心包，引起创伤性心包炎，造成死亡。因此，喂牛的饲料应适当加工，如粗料切短，粗料破碎，块根、块茎类切碎等。另外，要注意清除饲料中的异物。

第二节　水牛消化道的结构特点

水牛的消化道起于口腔，经咽、食管、胃（瘤胃、网胃、瓣胃和皱胃）、小肠（包括十二指肠、空肠和回肠）、大肠（包括盲肠、结肠和直肠），止于肛门。附属消化器官有唾液腺、肝脏、胰腺、胃腺和肠腺。

一、口舌和牙齿

水牛的唇不灵活，不利于采食草料，它的主要采食器官是舌。水牛的舌长、有力、灵活，舌面粗糙，适宜卷食草料，草料很易被下颚门齿和上腭齿垫切断而进入口腔。

成牛水牛在下颚具有 8 个门齿，上颚没有门齿，只具有角质齿垫。水牛下颚均无犬齿，但上下颚各具有前后臼齿 6 枚。

二、唾液腺和食道

（一）唾液腺

唾液腺位于口腔，分泌唾液。水牛的唾液腺有腮腺、颌下腺、舌下腺、咽腺、舌腺、颊腺、唇腺等。反刍动物唾液分泌的数量很大。据统计，每日每头水牛的唾液分泌量为 100 ~ 200 升，唾液分泌具有两种生理功能，其一是促进形成食糜；其二是对瘤胃发酵具有巨大的调控作用。唾液中含有大量的盐类，特别是碳酸氢钠和磷酸氢钠，这些盐类担负着缓冲剂的作用，使瘤胃 pH 值稳定为 6.0 ~ 7.0，为瘤胃发酵创造良好条件。同时，唾液中含有大量内源性尿素，对反刍动物蛋白质代谢的稳衡控制、提高氮素利用效率起着十分重要的作用。

（二）食道

系自咽通到瘤胃的管道，成牛水牛长约 1.1 米，草料与唾液在口腔内混合后通过食道进入瘤胃，瘤胃内容物又定期地经过食道反刍回到口腔，经细嚼后再行咽下。

（三）复胃结构

水牛是草食多胃动物，复胃由瘤胃、网胃、瓣胃和皱胃四室组成，前三胃也称前胃，黏膜无腺体分布，相当于单胃的无腺区；皱胃黏膜内分布消化腺，功能与单胃相同，所以又称真胃。瘤胃最大，成年水牛的瘤胃占四胃总容积的

80%以上，占据整个左腹腔延伸至第六肋至第八肋间，后达盆腔前口。瘤胃外形呈两侧压扁的大囊，由左右两纵沟分为瘤胃背囊和腹囊两大部分。前端以较深的前沟形成盲囊状，背侧称瘤胃前庭，腹侧有网胃沟与网胃为界，瘤网胃沟下半段较深，向上渐浅，逐由瘤胃和网胃共同组成圆顶状的胃前庭，即贲门开口处。后端以较深的后沟分为背盲囊和后腹盲囊，盲囊向前分别以背冠状沟和腹冠状沟为界。

瘤胃内壁有与沟相对应的瘤胃柱，由发达肌肉组织构成隆起的肉柱褶，其主要牵动瘤胃运动。瘤胃黏膜表面被覆致密的叶状乳头，长的1厘米，短的0.1厘米，一般0.5~0.6厘米，每平方厘米约有35个乳头，前庭较密，北囊较稀短。除瘤胃柱呈苍白色外，一般为黑褐色，年龄愈大颜色愈深，主要为草色染成。瘤胃黏膜有吸收和分泌功能，也是微生物消化的场所。

网胃最小，约占四胃总容积的5%，呈梨状，收缩力很强，是前胃运动的起始部。位于腹前正中，瘤胃背囊前下方。网胃黏膜形成隆起皱襞，高1.3厘米，围成四边形、五边形或六边形，似蜂巢，又名蜂巢胃。网胃经瘤网胃口与瘤胃相通，起自贲门，有网胃沟（又称食管沟）通网瓣胃口与瓣胃沟相接。犊牛吸吮乳汁可直接通过食管沟和瓣胃沟直达皱胃。

瓣胃呈椭圆形，占四胃总容积的7%~8%，位于右季肋部，与第七肋至第十一肋间隙相对。瓣胃黏膜形成百余片瓣胃页，故俗称百页肚。瓣胃页呈新月形，依宽窄分四级，规则排列，大页间有中页、小页和最小页。最小页呈线状，最大页有13~14片，页上有许多角质化乳头。瓣胃页间充满饲料细粒，瓣胃页起摩擦和吸收作用。瓣胃底壁有瓣胃沟，起自网瓣胃口，止于瓣皱胃口，液体和细粒饲料可由网胃经瓣胃沟进入皱胃。

（四）肠

1. 小肠

据测定，水牛的肠长和体长比为27:1；水牛的小肠特别发达，长约27~49米。食糜进入小肠后，在消化液的作用下，大部分可消化的营养物质可被充分消化吸收。

2. 盲肠、结肠

水牛等反刍动物两大发酵罐同时并存。据报道，反刍动物的盲肠和结肠也进行发酵作用，能消化饲料中纤维素的15%~20%。纤维素经发酵产生大量挥发性脂肪酸，可被机体吸收利用。

由于复胃和肠道长的缘故，食物在水牛消化道内存留时间长，一般需 7 ~ 8 天甚至 10 多天的时间，才能将饲料残余物排尽。因此，水牛对食物的消化吸收比较充分。

第三节　饲料营养物质的消化代谢

一、瘤胃的发酵及其调控

（一）瘤胃微生物

瘤胃微生物是由 60 多种细菌和纤毛原虫组成的，种类甚为复杂，并随饲料种类、饲喂制度及水牛年龄等因素而变化。1 克瘤胃内容物中，含细菌 150 亿~ 250 亿和纤毛虫 60 万~ 180 万，总体积约占瘤胃液的 3.6%，其中细菌和纤毛虫约各占一半。瘤胃内大量繁殖的微生物随食糜进入皱胃后，被消化液分解而解体，可为宿主动物提供大量优质的单细胞蛋白营养成分。

一般情况下，瘤胃微生物的生长均处于动态环境。从理论上讲，当瘤胃微生物的外流速度与微生物的繁殖速度相一致时，则微生物的产量高，而且微生物的能量利用效率也最高。在一定范围内，微生物的产量随着瘤胃稀释率的增加而增加。

瘤胃中碳水化合物经发酵后，产生 ATP（三磷酸腺苷），对微生物的维持和生长具有重要作用。在生产实践中，常用可消化有机物质或能量来估算微生物蛋白产量。

充足的瘤胃氮源供给，才能保证瘤胃微生物的最大生长。硫也是保证瘤胃微生物最佳生长的重要成分。瘤胃微生物的含硫氨基酸在比例上比较稳定，所以瘤胃微生物需要的硫可以用其与氮比例来表示，N∶S ≈（12∶1）~（15∶1）。

日粮类型与瘤胃微生物种类和发酵类型相适应。当组成日粮的饲料改变时，瘤胃微生物的种类和数量也随之改变，如由粗料型突然转变为精料型，乳酸发酵菌不能很快活跃起来将乳酸转为丙酸，乳酸就会积蓄起来，使瘤胃 pH 值下降。乳酸通过瘤胃进入血液，使血液 pH 值降低，以致发生“乳酸中毒”，严重时可危及生命。因此，饲草饲料的变更要逐步过渡，避免突然改变日粮。

此外，瘤胃内环境条件变化也会影响瘤胃微生物生长。

（二）瘤胃内环境

1. 瘤胃内容物的干物质

瘤胃内容物含干物质10%～15%，含水分85%～90%。水牛采食时摄入的精料，大部分沉入瘤胃底部或进入网胃。草料的颗粒较粗，主要分布于瘤胃背囊。不同部位的内容物干物质含量有明显差异，不同饲养水平对同一部位的干物质含量也有一定影响。

2. 瘤胃的水平衡

瘤胃内容物的水分除来源于饲料水和饮水外，还有唾液和瘤胃壁透入的水。以喂干草、体重530千克的母牛为例，24小时流入瘤胃的唾液量超过100升，瘤胃液平均50升，24小时流出量为150～170升。泌乳水牛流量比干奶牛高30%～50%。一般瘤胃液约占反刍动物机体总水量的30%，同时瘤胃液又以占机体总水量30%左右的比例进入瓣胃，经过瓣胃的水分60%～70%被吸收。此外，瘤胃内水分还通过强烈的双向扩散作用与血液交流，其量可超过瘤胃液10倍之多。瘤胃可以看作体内的蓄水库和水的转运站。

3. 瘤胃温度

瘤胃正常温度为39～41℃，与肛温相比， 瘤胃温度易受饲料、饮水等因素影响。饮用水的温度较低，当饮用25℃的水时，会使瘤胃温度下降5～10℃，经2小时后才能恢复到瘤胃正常温度。

4. 瘤胃pH值

瘤胃pH值变动范围为5.0～7.5，低于6.5对纤维素消化不利。瘤胃pH值易受日粮性质、采食后测定时间和环境温度的影响。喂低质草料时，瘤胃pH值较高。喂苜蓿和压扁的玉米时，瘤胃pH值降至5.2～5.5。大量喂淀粉或可溶性碳水化合物可使瘤胃pH值明显下降。饲喂高精料日粮时，瘤胃pH值降低。谷物饲料经加工（如粉碎），可使瘤胃pH值降低。采食青贮料时，pH值通常降低。饲后2～6小时，瘤胃pH值降低。背囊和网胃内pH值较瘤胃其他部位略高。

5. 渗透压

一般情况下，瘤胃内渗透压比较稳定。饲喂前一般比血浆低，而喂后数小时转为高于血浆，然后又渐渐转变为饲前水平。饮水导致瘤胃渗透压下降，数小时后恢复正常。高渗透压对瘤胃功能有影响，可使反刍停止，纤维素消化率下降。

6. 缓冲能力

瘤胃有比较稳定的缓冲系统，它与饲料、唾液数量及成分、瘤胃内酸类及二氧化碳浓度、食糜的外流速度和瘤胃壁的分泌有密切关系。瘤胃 pH 值为 6.8 ~ 7.8 时，缓冲能力良好，超出这个范围则缓冲能力显著降低。在正常的瘤胃 pH 值范围内，最重要的缓冲物质是碳酸氢盐和磷酸盐。当 pH 值＜ 6 和瘤胃发酵活动强烈时，磷酸盐相对比较重要。

7. 氧化还原电位

瘤胃内经常活动的菌群，主要是厌气性菌群，使瘤胃内氧化还原电位保持为 –250 ~ –450 毫伏。负值表示还原作用较强，瘤胃处于厌氧状态；正值表示氧化作用强或瘤胃处于需氧环境。在瘤胃内，二氧化碳占 50% ~ 70%、甲烷占 20% ~ 45%，并有少量的氢、氮、硫化氢等，几乎没有氧的存在。有时瘤胃气体中含 0.5% ~ 1% 的氧气，主要是随饲料和饮水带入的。不过，少量好气菌能利用瘤胃内的氧气，使瘤胃内仍能保持很好的厌氧条件和还原态，保证厌氧性微生物连续生存和发挥作用。

8. 表面张力

饮水和表面活性剂（如洗涤剂、硅、脂肪）可降低瘤胃液的表面张力。表面张力和黏度都增高时会产生气泡，造成瘤胃的气泡性臌气。饲喂精饲料和小颗粒饲料，可使瘤胃内容物黏度增高，表面张力增加，在 pH 值为 5.5 ~ 5.8 和 7.5 ~ 8.5 时黏度最大。

由上述可见，尽管影响瘤胃内环境的因素很多，但反刍动物可通过唾液分泌和反刍、瘤胃的周期性收缩、内源营养物质进入瘤胃、营养物质从瘤胃中吸收、食糜的排空、暖气和有效的缓冲体系等，使瘤胃内微生态环境始终保持相对稳定，为水牛瘤胃内物质代谢和能量转化提供了条件。

（三）瘤胃的发酵过程

1. 瘤胃对蛋白质和非蛋白氮（NPN）的利用

反刍动物能同时利用饲料的蛋白质和非蛋白氮，构成微生物蛋白质供机体利用。进入瘤胃的饲料蛋白质，一般有 30% ~ 50% 未被分解而排入后段消化道，其余 50% ~ 70% 在瘤胃内被微生物蛋白酶分解为肽、氨基酸。氨基酸在微生物脱氨基酶作用下，很快脱去氨基而生成氨、二氧化碳和有机酸。因此，瘤胃液中游离的氨基酸很少。饲料中的非蛋白质含氮物，如尿素、铵盐、酰胺等被微生物分解后也产生氨，一部分氨被微生物利用，另一部分则瘤胃壁代谢和吸收，其余则进入瓣胃。瘤胃内的氨除了被微生物利用外，其余一部分被吸收运送至肝，在肝内经鸟氨酸循环变为尿素。这种内源尿素一部分经血液分泌于唾液内，随唾液重新进入瘤胃，另一部分则通过瘤胃上皮扩散到瘤胃内，其余随尿排泄。进入瘤胃的尿素，又可被微生物利用，这一过程称为尿素再循环。在低蛋白日粮情况下，反刍动物靠尿素再循环以节约氮的消耗，保证瘤胃内适宜的氮的浓度，以利微生物蛋白质合成。

瘤胃微生物能直接利用氨基酸合成蛋白质或先利用氨合成氨基酸，然后再转变成微生物蛋白质。当利用氨合成氨基酸时，还需要碳链和能量。糖、挥发性脂肪酸和二氧化碳都是碳链的来源，而糖还是能量的主要供给者。由此可见，瘤胃合成微生物蛋白过程中，氮代谢和糖代谢是密切相互联系的。

反刍动物可利用尿素来代替日粮中部分的蛋白质。尿素在瘤胃内脲酶作用下迅速分解，产生氨的速度约为微生物利用速度的 4 倍，所以添加尿素时必须考虑降低尿素的分解速度，以免瘤胃内氨储积过多发生氨中毒，并且提高尿素利用效率。青绿饲料和青贮饲料中含有很多非蛋白氮，如黑麦草中非蛋白氮占总氮量的 11%，而黑麦草青贮料中非蛋白氮则占其总氮量的 65%。水牛瘤胃微生物能把饲料中的这些非蛋白氮和尿素类饲料添加剂转变为微生物蛋白质，最后被水牛消化利用。水牛利用尿素等非蛋白氮的过程，见图 4–1。

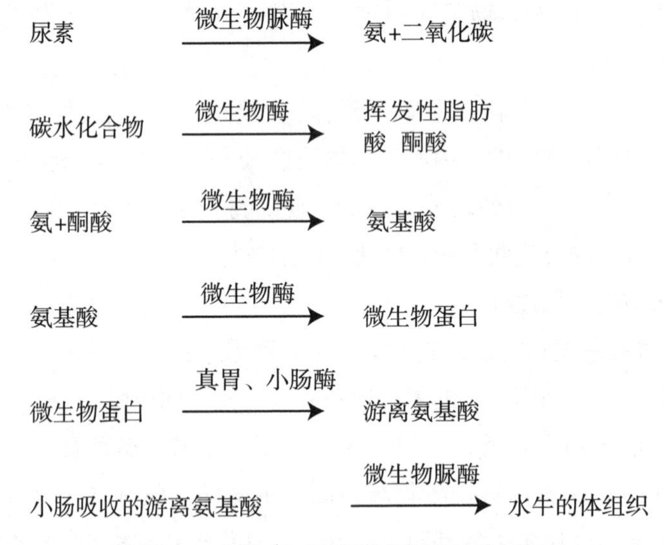

图4–1 水牛利用尿素等非蛋白氮的过程

瘤胃微生物利用非蛋白氮的形式主要是氨。氨的利用效率直接与氨的释放速度和氨的浓度有关。当瘤胃中氨过多，来不及被微生物全部利用时，一部分所通过瘤胃上皮由血液送到肝脏合成尿素，其中很大部分经尿排出，造成浪费，当血氨浓度达到 1 毫克 /100 毫升时，便可出现中毒现象。因此，在生产中应设法降低氨的释放速度，以提高非蛋白氮的利用效率。

为了保证瘤胃微生物对氨的有效利用，目前除了通过抑制脲酶活性、制成胶凝淀粉尿素或尿素衍生物使释放氨的速度延缓外，日粮中还必须为其提供微生物蛋白合成过程中所需的能源、矿物质和维生素。碳水化合物中，提供微生物养分的速度表现为纤维素太慢，糖过快，而以淀粉的效果最好，并且熟淀粉比生淀粉好。所以，在生产中饲喂低质粗饲料为主的日粮，用尿素补充蛋白质时，加喂高淀粉精料可以提高尿素的利用效率。

瘤胃微生物对饲料蛋白质的降解和合成。一方面，它将品质低劣的饲料蛋白质转化成高质量的微生物蛋白质；另一方面，它又可以将优质的蛋白质降解。在瘤胃被降解的蛋白质，有很大部分被浪费掉了，使饲料蛋白质在牛体内消化率降低。因此，蛋白质在瘤胃的降解度将直接影响进入小肠的蛋白质数量和氨基酸的种类，这也关系到牛对蛋白质的利用。畜牧生产中将饲料蛋白质应用甲醛溶液或加热法等进行处理后饲喂奶牛，可以保护蛋白质，避免瘤胃微生物的分解，从而提高日粮蛋白质的利用效率。

根据饲料蛋白质降解率的高低，可将饲料分为低降解率饲料（＜ 50%），如干燥的苜蓿、玉米蛋白、高粱等；中等降解率饲料（40% ~ 70%），如啤酒糟、亚麻饼、棉籽饼、豆饼等；高降解率饲料（＞ 70%），如小麦麸、菜籽饼、花生饼、葵花饼、青贮苜蓿等。

2. 瘤胃对碳水化合物的利用

对于大多数谷物（除玉米和高粱），90% 以上的淀粉通常是在瘤胃中发酵，玉米大约 70% 是在瘤胃中发酵。淀粉的结构和组成，淀粉同蛋白质结构的互相作用影响淀粉的降解和消化。淀粉在瘤胃内降解是由于瘤胃微生物分解的淀粉酶和糖化酶的作用。纤维素、半纤维素等在瘤胃的降解是由于瘤胃真菌可产生纤维素分解酶、半纤维素分解酶和木聚糖酶等 13 种酶的作用。

碳水化合物在瘤胃内的降解可分为两大步骤：第一步是高分子碳水化合物（淀粉、纤维素、半纤维素等）降解为单糖，如葡萄糖、果糖、木糖、戊糖等；第二步是单糖进一步降解为挥发性脂肪酸，主要产物为乙酸、丙酸、丁酸、二氧化碳、甲烷和氢等。

瘤胃发酵生成的挥发性脂肪酸大约有 75% 直接从瘤胃壁吸收进入血液，约 20% 在瓣胃和真胃吸收，约 5% 随食糜进入小肠，可满足牛生活和生产所需能量的65%左右。牛从消化道吸收的能量主要来源于挥发性脂肪酸，而葡萄糖很少。这里应指出的是，牛体内代谢需要的葡萄糖大部分由瘤胃吸收的挥发性脂肪酸——丙酸在体内转化生成。如果饲料中部分淀粉避开瘤胃发酵而直接进入皱胃，在皱胃和小肠内受消化酶的作用分解，并以葡萄糖的形式直接吸收（这部分淀粉称之为“过瘤胃淀粉”），可提高淀粉类饲料的利用率，改善牛的生产性能。不同来源的淀粉瘤胃降解率不同。目前已经清楚，常用谷物饲料中淀粉在瘤胃内的降解顺序为：小麦＞大麦＞玉米＞高粱。因此，为了不同的生产目的和饲养体制，应当选择不同来源的淀粉，以实现淀粉利用的最优化。

瘤胃发酵过程中还有一部分能量以ATP形式释放出来，作为微生物本身维持和生长的主要能源；而甲烷及氢则以嗳气排出，造成牛饲料中能量的损失。甲烷是乙酸型发酵的产物，丙酸型发酵不生成甲烷，因此，丙酸发酵可以向牛提供较多的有效能，提高牛对饲料的利用率。

正常情况下，瘤胃中乙酸、丙酸、丁酸占总挥发性脂肪酸的比例分别为50%~65%、18%~25%、12%~20%，这种比例关系受日粮的组成影响很大。粗饲料发酵产生的乙酸比例较高，乙酸和丁酸是奶水牛生成乳脂的主要原料，被奶水牛瘤胃吸收的乙酸约有40%为乳腺所利用。精饲料在瘤胃中的发酵率很高，挥发性脂肪酸产量较高，丙酸比例提高；粗饲料细粉碎或压粒，也可提高丙酸比例，瘤胃中丙酸比例提高，会使体脂肪沉积增加。如由粗料型突然转变为精料型，乳酸发酵菌不能很快活跃起来将乳酸转为丙酸，乳酸就会积蓄起来，使瘤胃pH值下降。乳酸通过瘤胃进入血液，使血液pH值降低，以致发生“乳酸中毒”，严重时可危及生命。因此，饲草饲料的变更要逐步过渡，避免突然改变日粮。奶水牛吸收入血液的葡萄糖约有60%被用来合成乳。

3. 瘤胃对脂肪的利用

与单胃动物相比，牛体脂含较多的硬脂酸。乳脂中还含有相当数量的反式不饱和脂肪酸和少量支链脂肪酸，而且体脂的脂肪酸成分不受日粮中不饱和脂肪酸影响，这些都是牛对脂类消化和代谢的特点所决定的。

进入瘤胃的脂类物质经微生物作用，在数量和质量上发生了很大变化。一是部分脂类被水解成低级脂肪酸和甘油，甘油又可被发酵产生丙酸。二是饲料中不饱和脂肪酸在瘤胃中被微生物氢化，转变成饱和脂肪酸，这种氢化作用的速度与饱和度有关，不饱和程度较高者，氢化速度也较快。另外，饲料中脂肪酸在瘤胃还可发生异构化作用。三是微生物可合成奇数长链脂肪酸和支链脂肪酸。瘤胃壁组织也利用中、长链脂肪酸形成酮体，并释放到血液中。未被瘤胃降解的那部分脂肪称“过瘤胃脂肪。”在牛日粮中直接添加没有保护的油脂，会使采食量和纤维消化率下降。油脂不利于纤维消化可能是由于：①油脂包裹纤维，阻止了微生物与纤维接触。②油脂对瘤胃微生物的毒性作用，影响了微生物的活力和区系结构。③长链脂肪酸与瘤胃中的阳离子形成不溶复合物，影响微生物活动需要的阳离子浓度，或因离子浓度的改变而影响瘤胃环境的 pH 值。如果在牛日粮中添加保护完整的油脂即过瘤胃脂肪，就可以消除油脂对瘤胃发酵的不良影响。

4. 瘤胃对矿物质的利用

瘤胃对无机盐的消化能力强，消化率为 30% ~ 50%。无机盐对瘤胃微生物的作用，通常通过两条途径：一方面，瘤胃微生物需要各种无机元素作为养分；另一方面，无机盐可改变瘤胃内环境，进而影响微生物的生命活动。

常量元素除了是瘤胃微生物生命活动所必需的营养物质外，还参与瘤胃生理生化环境因素（如渗透压、缓冲能力、氧化还原电位、稀释率等）的调节。微量元素对瘤胃代谢和氮代谢也有一定影响。某些微量元素影响脲酶的活性，有些参与蛋白质的合成。适当添加无机盐对瘤胃的发酵有促进作用。

5. 瘤胃对维生素的利用

幼龄牛的瘤胃发育不全，全部维生素需要由饲料供给。当瘤胃发育完全，瘤胃内各种微生物区系健全后，瘤胃中微生物可以合成 B 族维生素及维生素 K，不必由饲料供给，但不能合成维生素 A、维生素 D、维生素 E 等。因此，在日粮中应经常提供这些维生素。

瘤胃微生物维生素 A、胡萝卜素和维生素 C 有一定破坏作用。据测定，维生素 A 在瘤胃内的降解率达 60% ~ 70%。维生素 C 注入瘤胃 2 小时即损失殆尽。同时，血液和乳中维生素 C 含量并不增加，说明维生素 C 被瘤胃微生物所破坏。

瘤胃中 B 族维生素的合成受日粮营养成分的影响，如日粮类型、日粮的含氮量、日粮中碳水化合物量及日粮矿物质元素。适宜的日粮营养成分有利于瘤胃微生物合成 B 族维生素。

6. 气体的产生与嗳气

在微生物的强烈发酸过程中，不断地产生大量气体，牛一昼夜可产生气体 600 ~ 1300 升。其中，二氧化碳占 50% ~ 70%，甲烷占 20% ~ 45%，间有少量氢、氧、氮和硫化氢等。日粮组成、饲喂时间及饲料加工调制会影响气体的产生和组成。犊牛出生前几个月的瘤胃气体以甲烷占优势，随着日粮中纤维素含量增加，二氧化碳量增多，6 月龄达到成牛水牛的水平。健康成年水牛瘤胃中二氧化碳量比甲烷多，当膨气或饥饿时则甲烷量大大超过二氧化碳量。二氧化碳主要来源于微生物发酵的终产物，其次来自唾液及瘤胃壁透入的碳酸氢盐所释放。甲烷是瘤胃内发酵的主要终产物，由二氧化碳还原或由甲酸产生。这些气体约有 1/4 被吸收入血液后经肺排除，一部分为瘤胃内微生物所利用，其余靠嗳气排出。

嗳气是一种反射动作，反射中枢位于延髓，由增多的瘤胃气体刺激瘤胃的感受器所引起。嗳气时瘤胃后背盲囊开始收缩，由后向前推进，压迫气体移向瘤胃前庭。贲门也随着舒张，于是气体被驱入食管，整段食管几乎同时收缩，这时由于鼻咽括约肌闭合，一部分嗳气经过开张的声门进入呼吸系统，并通过肺毛细血管吸收入血液，另一部分嗳气经口腔逸出。

水牛由采食大量幼嫩青草或苜蓿而发生瘤胃膨气。其机理可能是幼嫩青草或苜蓿迅速由前胃转入皱胃入肠内，刺激这些部位的感受器，反射性抑制前胃的运动。同时，由于瘤胃内饲料急剧产生大量气体，不能及时排除，于是会形成急性膨气。

7. 瘤胃的发酵调控

瘤胃发酵是通过对饲料养分的分解和微生物菌体成分的合成，为牛提供了必需的能量、蛋白质和部分维生素。研究证明，瘤胃中合成的微生物蛋白，除可满足牛维持需要外，还能满足一般青年牛生长或产奶水牛所需的蛋白质和氨基酸需要。然而，瘤胃发酵本身也会造成饲料能量和氨基酸的损失。因此，正确控制瘤胃的发酵，提高日粮的营养价值，减少发酵过程中养分损失，是提高水牛的饲料利用率、改善生产性能的重要技术措施。通常采用的控制瘤胃发酵的途径和方法如下：

（1）瘤胃发酵类型的调控。瘤胃发酵类型是根据瘤胃发酵产物——乙酸、丙酸、丁酸比例的相对高低来划分，见表 4–1。

表 4–1　瘤胃发酵类型划分

发酵类型	乙酸 / 丙酸
乙酸发酵	＞ 3.5
丙酸发酵	＝ 2.0
丁酸发酵	丁酸占总挥发性脂肪酸摩尔比 20% 以上
乙酸 – 丙酸发酵	3.2–2.5
丙酸 – 乙酸发酵	2.5–2.0

注：引自卢德勋（1993）。

瘤胃发酵类型的变化明显地影响能量利用效率。瘤胃中乙酸比例高时，能量利用率下降；丙酸比例高时，可向牛体提供较多的有效能。

饲料和饲养方法是决定瘤胃发酵类型的最重要因素。日粮中精料比例越高，发酵类型越趋于丙酸类型；相反，粗料比例增高则导致乙酸类型。饲料粉碎、颗粒化或蒸煮可使瘤胃中丙酸比会增高。提高饲养水平，乙酸比例下降，丙酸比例上升。先喂粗料，后喂精料，瘤胃中乙酸比例增高；相反，先喂精料，后喂粗料，丙酸比例增高。在高精料日粮条件下，增加饲喂次数（如由 2 次改为 6 次），瘤胃中乙酸比例增高，乳脂率提高。

（2）饲料养分在瘤胃降解的调控。增加饲料中过瘤胃淀粉、蛋白质和脂肪的量，对于改善牛体内葡萄糖营养状况、增加小肠中氨基酸吸收量、调节能量代谢、提高水牛生产水平十分重要。豆科牧草在瘤胃内降解率较低，是天然的过瘤胃蛋白质资源。玉米是一种理想的过瘤胃淀粉来源。同时，也可以通过物理和化学处理增加饲料中过瘤胃淀粉、蛋白质和脂肪的量。

（3）脲酶活性抑制剂。抑制瘤胃微生物产生的脲酶的活性，控制氨的释放速度，以达到提高尿素利用率的目的。最有效的脲酶抑制剂是乙酰氧肟酸。此外，尿素衍生物（羟甲基尿素、磷酸脲）和某些阳离子（Na^{2+}、K^{+}、Co^{+}、Zn^{2+}、Cu^{2+}、Fe^{2+}）也有此作用。

（4）瘤胃 pH 值调控。控制瘤胃 pH 值对于饲喂高精料饲粮的牛尤为重要，补充碳酸氢钠（小苏打）可稳定 pH 值，加快瘤胃食糜的外流速度，提高乙酸 / 丙酸值，提高乳脂率，防止乳酸中毒等。常用的 pH 值调控剂是 0.4% 氧化镁 + 0.8% 碳酸氢钠（占日粮干物质）。

正确的调控瘤胃发酵是养牛生产中一项新技术，是提高牛生产性能、降低饲养成本的有效方法。在运用这些技术时，若方法不当会产生相反作用，在生产中应加以注意。

二、瓣胃的消化

犊牛瓣胃发育迅速，出生 100 ~ 150 天，其容积增加 60 倍。瓣胃内容物含干物质约 22.6%，含水量比瘤胃和网胃内容物少（瘤胃含干物质约 17%，网胃 13%），颗粒也较小，直径超过 3 毫米的不到 1%，而小于 1 毫米的约占 68%。pH 值平均为 7.2（6.6 ~ 7.3）。

瓣胃的流体食糜来自网胃，食糜含有许多微生物和细碎的饲料以及微生物发酵的产物。当这些食糜通过瓣胃的叶片之间时，大量水分被移去。因此，瓣胃起了滤器作用。截留于叶片之间的较大食糜颗粒，被叶片的粗糙表面揉捏和研磨，使之变得更为细碎。瓣胃内约消化 20% 纤维素，吸收约 70% 食糜的挥发性脂肪酸。此外，氯化钠等也可在瓣胃内被上皮吸收。

瓣胃运动起着水泵样作用，当瘤胃第一次运动周期中网胃的第二次收缩达到顶点时，网瓣孔开放，同时瓣胃管舒张，迫使食糜进行瓣胃体叶片之间。

由瓣胃流入皱胃的食糜性状及数量变化很大，食糜排出的间隔时间也不规则。网胃收缩时瓣胃有少量液汁滴出。在网胃收缩间隔期间，瓣胃食糜迅速排出，有时挤出成块的较干食糜。

三、皱胃的消化

皱胃是水牛胃的有腺部分，分胃底和幽门两部分分泌消化液。胃底腺分泌的胃液为水样透明液体，含有盐酸、胃蛋白酶和凝乳酶，并有少量黏液，含干物质 1% 左右，呈酸性。幽门腺分泌量很少，并且呈中性或弱碱性反应，含少量胃蛋白酶原。与单胃动物比较，皱胃液的盐酸浓度较低些，凝乳酶含量较多。胃蛋白酶作用的适宜环境 pH 值约为 2，pH 值大于 6 酶活性消失。在胃蛋白酶作用下，蛋白被分解为和胨。凝乳酶先将乳中的酪蛋白原转化为酪蛋白，然后与钙离子结合，于是乳汁凝固，使乳汁在胃中停留时间延长，有利于乳汁在胃内消化。皱胃的胃液是连续分泌的，这与反刍动物的食糜由瓣胃连续进入皱胃有关。

皱胃胃液的酸性，不断地杀死来自瘤胃的微生物。微生物蛋白质被皱胃的蛋白酶初步分解。

四、小肠的消化

进入小肠内半消化的食物，混有大量消化液——唾液、胃液、胰液、胆汁及肠液，构成半流体的食糜。牛的小肠有小肠腺和十二指肠腺。十二指肠腺经常分泌少量碱性黏液，分泌液中的有机物有黏蛋白酶和肠激酶等酶类。肠液中除含有活化胰蛋白酶原的肠激酶外，小肠上皮细胞产生几种肽酶，分解多肽成氨基酸。肠液中含有少量脂肪酶，它能补充胰脂肪酶对脂肪消化的不足，把脂肪分解成甘油和脂肪酸，蔗糖酶、麦芽糖酶和乳糖酶，把相应的双糖分解为单糖。肠液中也含有淀粉酶、核酸酶、核苷酸酶和核苷酶。肠液中的酶类存在于肠液的液体中和存在于小肠黏膜的脱落上皮细胞中。

小肠食糜中的营养物质在消化酶作用下逐步分解，变成可被肠壁吸收的物质。消化酶的作用方式，除了混合在食糜内进行肠腔消化外，还附着肠壁黏膜上，对通过肠管的食糜营养物进行“接触性消化”（膜消化）。小肠黏膜上皮细胞中也含有酶，当食物的分解产物经小肠黏膜上皮细胞吸收时，未完全分解的物质可在细胞内酶的作用下，进行最后的分解。小肠中所吸收的矿物质，占总吸收的 75%。未被瘤胃破坏的脂溶性维生素，经过真胃进入小肠后吸收利用，而在瘤胃合成的 B 族维生素也主要在小肠吸收。在反刍动物前胃消化中起重要作用的细菌和纤毛虫，经过皱胃内的消化，极大部分死亡，并被分解，作为构成小肠食糜营养物的一部分。不过还有少量细菌处于芽孢状态，随食糜进入大肠后，遇到适宜条件又开始繁殖。

五、大肠的消化与吸收

水牛盲肠和前结肠有明显的蠕动，每分钟 4 ~ 10 次。前结肠的逆蠕动把食糜送入盲肠，盲肠的蠕动又把食糜推入结肠。这样，食糜就在盲肠和前结肠间来回移动，使食糜能在大肠中停留较长时间，增进吸收，并造成微生物活动的良好条件，牛的盲肠和结肠能消化饲料中纤维素 15% ~ 20%。

食糜经消化和吸收后，其中的残余部分进入大肠的后段。在这里水分被大量吸收，大肠的内容物逐渐浓缩而形成粪便。

第四节　水牛的营养需要

从世界畜、禽的营养研究来看，水牛是研究较少的一种。到目前为止，国外还没有一个国家对水牛的营养需要进行比较完善的研究，更没有制订出国家级的饲养标准。印度是世界公认的对水牛比较重视的国家，在这方面做了不少有关河流型水牛营养需要的研究；其次是菲律宾，对沼泽型水牛的营养需要也进行了研究，提出了干物质、可消化粗蛋白质和可消化总养分的需要，初步有了水牛的饲养标准，但与乳牛的标准相差甚远。而中国在这方面的研究实际上是空白。史荣仙借鉴一些资料和饲喂水牛的实践经验，也提出了各种水牛的营养需要，现做如下介绍。

一、国外各种水牛的营养需要

（一）印度水牛的营养需要

1. 犊牛的给乳量

30千克体重的犊牛给乳量为体重的1/10，31～60千克体重的犊牛给乳量为体重的1/20。但一般原则是：初生至1月龄犊牛，给乳量为体重的1/10；1～2月龄犊牛给乳量为体重的1/15；2～3月龄犊牛给乳量为体重的1/25；3月龄后断乳，用精饲料和粗饲料代替。

2. 各类水牛的营养需要

水牛的营养需要，见表4–2至4–4。

表4–2 生长水牛（日增重450克）的营养需要

体重（千克）	DM（千克）	TDN（千克）	DCP（千克）	Ca（克）	P（克）
70	1.97	1.24	293	8	5
80	2.20	1.38	306	9	6
100	2.65	1.64	332	12	9
120	3.1	1.91	358	15	11
140	3.56	2.18	384	17	12
150	3.78	2.31	398	20	13
160	4.01	2.45	411	20	13
180	4.46	2.72	437	20	13
200	4.71	2.98	463	20	13
220	5.36	3.25	489	22	15

注：资料来源于1985年印度农业研究理事会。

表4–3 印度水牛维持的营养需要

体重（千克）	DM（千克）	TDN（千克）	DCP（克）	Ca（克）	P（克）
250	4～5	2.20	140	25	17
300	5～6	2.65	168	25	17
350	6～7	3.10	195	25	17
400	7～8	3.55	223	28	20
450	8～9	4.00	250	31	23
500	9～10	4.45	278	31	23
550	10～11	4.90	310	31	23
600	11～12	5.35	336	31	23

注：资料来源于1985年印度农业研究理事会。

表 4–4　各类水牛的营养需要

年龄	体重（千克）	DM（千克）	DCP（千克）	TDN（千克）
6 月龄 ~ 12 月龄	150	3.6	0.35	2.6
13 月龄 ~ 24 月龄	300	7.5	0.47	4.0
36 月龄	400	10.0	0.45	4.3
产犊母水牛	450	11.2	0.45	4.5
干乳母水牛	450	11.2	0.45	3.4
公牛	550	13.7	0.50	4.0

注：资料来源于 1986 年亚太地区水牛饲养培训班材料。

3. 泌乳水牛的营养需要

泌乳水牛的营养需要，见表 4–5、表 4–6。

表 4–5　泌乳水牛产乳量与营养需要的关系

产乳量（千克）	每 100 千克体重干物质需要量（千克）	总需要量		
		DM（千克）	DCP（千克）	TDN（千克）
5	2.5	12.5	0.55	5.5
5 ~ 8	2.5	12.5	0.75	6.6
8 ~ 11	3.0	15.0	0.85	7.7
11 ~ 15	3.0	15.0	1.15	9.8
17 ~ 20	3.5	17.5	1.30	10.9
20 ~ 23	3.5	17.5	1.45	12.0
23 ~ 26	3.5	17.5	1.60	13.1

注：资料来源于 1986 年亚太地区水牛饲养培训班材料。

表 4–6　泌乳水牛每产 1 千克乳的营养需要

乳脂率（%）	DCP（克）	TDN（克）	乳脂率（%）	DCP（克）	TDN（克）
3.0	48	275	5.5	65	400
3.0	51	300	6.0	68	425
4.0	55	325	6.5	72	450
4.5	58	350	7.0	75	475
5.0	62	375	7.5	79	500

注：资料来源于 1985 年印度农业研究理事会。

（二）菲律宾沼泽型水牛营养需要

菲律宾沼泽型水牛维持的营养需要，见表 4–7。

表 4–7　菲律宾沼泽型水牛维持的营养需要

体重（千克）	$W^{0.75}$（千克）	DM（千克）	DCP（克）	TDP（千克）
200	53.18	3.6	185	2.0
250	62.87	4.1	215	2.3
300	72.08	4.7	245	2.6
350	80.92	5.2	275	2.9
400	89.44	5.8	300	3.2
450	97.70	6.3	330	3.5
500	105.74	6.9	360	3.8
550	113.57	7.5	390	4.1
600	121.23	8.0	420	4.4

二、中国水牛的营养需要

中国水牛的营养需要，见表 4–8 至表 4–11。

表 4–8　泌乳水牛营养需要（史荣仙 1994 年报道）

营养成分	DM（千克）	CP（克）	DCP（克）	NE（兆焦耳）	Ca（克）	P（克）	盐（克）
500 千克体重维持需要	6.5	462	300	70.79	25.4	19.21	34.0
产 1 千克乳的营养需要	0.75	103	67.2	9.2	4.5	3.0	3.2

表 4–9　泌乳水牛微量元素需要量

微量元素	Fe	Co	Cu	Mn	Zn	I	Se
需要量（1×10^{-6}）	50	0.10	10	40	40	0.6	0.3

表 4-10　肉用水牛营养需要（史荣仙 1994 年报道）

体重（千克）	日增重（千克）												干物质（千克）		Ca（克）	P（克）
	0.4		0.6		0.8		1.0		1.2		1.4					
	DCP	TDN	DCP	TDN	DCP	TDN	DCP	TDN	DCP	TDN	DCP	TDN				
150	0.30	2.21	0.30	2.27	0.31	2.33	0.31	2.39	0.32	2.45	0.32	2.51	4.2	16	13	1.875
200	0.38	3.19	0.39	3.27	0.39	3.35	0.40	3.42	0.40	3.49	0.41	3.56	5.4	16	14	2.500
250	0.46	4.02	0.46	4.12	0.47	4.20	0.47	4.28	0.48	4.39	0.45	4.46	6.5	17	14	3.125
300	0.55	4.62	0.56	4.71	0.56	4.80	0.57	4.90	0.57	4.98	0.58	5.07	7.5	17	15	4.750
350	0.61	5.11	0.62	5.21	0.62	5.30	0.63	5.39	0.63	5.49	0.64	5.58	8.4	17	16	3.375
400	0.68	5.52	0.68	5.71	0.69	5.80	0.69	5.89	0.70	5.98	0.70	6.07	9.2	18	17	5.000
450	0.74	6.05	0.74	6.15	0.75	6.25	0.75	6.35	0.76	6.75	0.76	6.55	9.9	18	18	5.625
500	0.80	6.50	0.81	6.60	0.81	6.70	0.82	6.80	0.82	6.90	0.82	7.00	10.5	18	18	6.250

表 4-11　肉用水牛微量元素需要量

微量元素	Fe	Co	Cu	Mn	Zn	I	Se
需要量（1×10^{-6}）	50	0.10	8	40	30	0.5	0.2

第五章　奶水牛饲料日粮配合技术

在一昼夜（24 小时）内提供给牛只采食的全部饲料（包含粗饲料和精饲料）称为牛的“日粮”。日粮配合即是指按牛只的饲养目的和饲养标准的要求，科学地搭配精粗饲料供给，合理地配制饲料日粮的过程。日粮配合是确保做到科学饲养的一个极为重要的技术环节，日粮配合效果的好坏，不仅直接关系到能否正常发挥奶水牛的生产性能，而且也直接影响奶水牛本身的体质和健康状况的维护。

第一节　日粮配合的原则

进行奶水牛的饲料日粮配合，必须以奶水牛的营养需要和饲养标准为主要依据，在此基础上，才能进行日粮配方的设计。目前，世界主要水牛饲养国都有自己制定的奶水牛营养需要和饲养标准。遗憾的是，我国对水牛的营养需要研究不多，直至目前仍然未能制定和颁布关于水牛的一个比较权威性的饲养技术标准，所以在制定奶水牛饲料日粮时，只能是参考国外的一些标准，或是只能大体上参考国内有人业已提出的“参照”标准。这方面的内容在本书第四章中已具体论述过。

制定日粮配合方案应做到营养全面，能够充分满足畜体发挥生产性能的需要。在此前提下尽量追求降低饲料成本，同时还要考虑日粮原料的来源方便。为此，必须遵循以下原则：

（1）日粮所含的各项营养指标能够满足畜群处于生产不同阶段的营养需要，并要根据不同的季节、环境温度等因素做适当调整。

（2）根据反刍兽瘤胃消化特点，应以粗饲料为主、精饲料为辅进行日粮配合，使日粮的粗纤维含量控制在 17%～25%，精饲料只能是用于补充粗饲料中所不足的营养指标，其喂量应控制在体重的 1% 左右。

（3）日粮组成应多样化，应考虑尽量丰富日粮的组成，使日粮由混合精料、干草、青绿饲料、多汁饲料、青贮饲料、糟渣类饲料等不同种类的饲料组成，这样就能使饲料营养全面且增加适合性，又有利于瘤胃微生物的发酵，提高对饲料的消化和转化效率，避免使饲料日粮的组分流于单一。

（4）合理控制营养浓度，在保证满足营养需要之外，还应考虑使牛能够吃饱，但又不会吃剩。为此，要注意对精粗饲料的合理搭配，还应在粗饲料中考虑需要提供适当的填充物质。

（5）在满足营养需要的前提下要考虑饲料成本，因此要选用在当地来源丰富且又价格便宜的饲料，以提高经济效益。

（6）注意把轻泻性饲料和便秘饲料互相搭配使用，如青绿饲料、青贮饲料、大豆饼、麦麸等类属于轻泻性饲料，而禾本科干草、各种秸秆、秕糠等类则属于便秘饲料。

（7）可以在日粮中选用部分 NPN（非蛋白含氮物），这样能够降低饲料成本，但应注意使用尿素、磷酸尿、双缩尿、硫酸铵等这些非蛋白含氮物时，日粮中粗蛋白质含量低于 12% 才起作用，而且只能代替日粮所需蛋白质的 1/3。

（8）注意饲料的质量，不能选用含有毒性物质的饲料，比如未经脱毒的菜籽饼或棉籽饼等，并且不能使用国家业已禁用的一些有害饲料添加剂成分。

第二节　日粮配合的方法

日粮配合常用的计算方法有多种，如试差法（增减法）、方形法（对角线法）、线性规则法、公式法、画线法等。随着现代科学的发展，现已愈来愈普遍地采用电脑软件进行畜禽的日粮配合，起到了使用方便、计算精确、计算速度快的效果。但应用于计算水牛饲料配方的软件目前尚未见到，对奶水牛饲料日粮的设计还需使用手工运算方法进行。

进行奶水牛日粮配合的方法和步骤如下：

（1）计算饲喂各种水牛日粮的养分需要量，即考虑年龄、活动量、产乳量或增重等所需干物质、能量蛋白质、钙、磷的数量。

（2）计算选用不同饲料的成分配合来满足上面所列的养分需要量，查饲料养分资料，可从饲料分析表中查到，但首先应从粗饲料开始。饲草是最便宜的养分来源，计算其每种饲料给量的营养总量。

（3）计算各营养总量的实际给量与需要量的余差。

（4）根据差余情况，对饲料进行适当调整平衡（可按前面所述方法计算求得）。

例：用青干草、胡萝卜、玉米、麸皮、棉仁饼、食盐为体重 500 千克、日产 15 千克标准乳的奶水牛配合平衡日粮，方法和步骤如下：

（1）查营养需要量和产乳需要量，见表 5–1。

表 5–1　该牛的维持需要量和产乳需要量

项目	DM（千克）	NEL（兆焦耳）	DCP（克）	Ca（克）	P（克）
体重 500 千克维持需要	6.56	37.35	317	30.0	22.0
生产需要(1 千克 4% 乳需要)	0.45	3.14	55	4.5	3.0
日产 15 千克乳需要	6.75	47.10	825	67.5	45.0
总的营养需要量	13.31	84.45	1142	97.5	67.0
每千克饲料干物质 DM 含量	1.00	6.34	85.80	7.33	5.0

从上表可知，满足该牛的营养需要量，需从饲料日粮中提供，如日粮干物质 13.31 千克、产奶净能 84.45 兆焦耳、可消化蛋白 1142 克、钙 97.5 克、磷 67.0 克。

（2）查使用饲料及其营养成分，并折算成绝对干物质成分含量，见表 5–2、表 5–3。

表 5–2　饲料营养成分（风干）

饲料种类	DM（千克）	NEL（兆焦耳）	DCP（克/千克）	CF（%）	Ca（克）	P（克）
玉米	87.27	8.58	66.0	1.3	0.078	0.436
麸皮	87.40	6.74	118.2	12.6	0.297	1.005
棉仁饼	84.66	7.66	243.6	10.23	0.22	1.719
胡萝卜	14.70	1.34	7.4	1.51	0.035	0.055
青干草	92.94	3.97	39.9	27.23	0.51	0.102
贝壳粉	94.28				32.46	

表 5–3　换算成绝对干饲料营养成分

饲料种类	NEL（兆焦耳）	DCP（克 / 千克）	CF（%）	Ca（%）	P（%）
玉米	9.83	75.6	1.49	0.09	0.50
麸皮	7.70	135.2	14.42	0.34	1.15
棉仁饼	9.04	287.7	12.08	0.26	2.03
胡萝卜	9.20	50.4	10.29	0.42	0.38
青干草	4.27	43.0	29.4	0.55	0.11
贝壳粉				34.43	

（3）拟配方试算产乳净能、DCP 及 CF 的百分量（CF 不低于 17%），见表 5–4。

表 5–4　产乳净能、DCP 和 CF 的百分数

饲料种类	配比（%）	产乳净能（兆焦耳）	DCP（克 / 千克）	CF（%）
玉米	15.5	$9.83 \times 0.155 = 1.52$	$75.6 \times 0.155 = 11.72$	$1.49 \times 0.155 = 0.23$
麸皮	20.0	$7.70 \times 0.20 = 1.54$	$135.2 \times 0.20 = 27.04$	$14.42 \times 0.20 = 2.88$
棉仁饼	8.0	$9.04 \times 0.08 = 0.72$	$287.67 \times 0.08 = 23.01$	$12.08 \times 0.08 = 0.97$
胡萝卜	5.0	$9.2 \times 0.05 = 0.46$	$50.4 \times 0.05 = 2.52$	$10.29 \times 0.05 = 0.51$
青干草	50.0	$4.27 \times 0.50 = 2.14$	$43.0 \times 0.50 = 21.5$	$29.04 \times 0.50 = 14.52$
合计	98.5	6.38	85.79	19.11
要求 DM/ 千克		6.36	85.80	17.00
比较		+0.02	−0.01	+2.11

由上表可知，产乳净能、DCP 和 CF 基本满足需要。

（4）补充矿物质元素，计算钙、磷含量，再看情况进行补充，见表 5–5。

表 5–5　饲料中 Ca、P 含量

饲料种类	饲料配比（%）	Ca（%）	P（%）
玉米	15.5	$0.9 \times 0.155 = 0.14$	$5.0 \times 0.155 = 0.78$
麸皮	20.0	$3.4 \times 0.20 = 0.68$	$11.5 \times 0.20 = 2.3$
棉仁饼	8.0	$2.6 \times 0.08 = 0.21$	$20.3 \times 0.08 = 1.62$
胡萝卜	5.0	$4.2 \times 0.05 = 0.21$	$3.8 \times 0.05 = 0.19$
青干草	50.0	$5.5 \times 0.50 = 2.75$	$1.1 \times 0.50 = 0.55$
合计	98.5	3.99	5.44
DM/ 千克		7.33	5.03
比较		−3.34	+0.41

由上表看出，磷已满足，只缺钙，用贝壳粉补充，其用量为：［（7.33-3.988）÷344.3］×100 = 1%，另加盐0.5%。

（5）将所有的绝对干物质还原为饲料原物数量，见表5-6。

表5-6　计算绝对干物质还原为饲料原物数量

饲料种类	饲料配比（%）	每天需DM（千克）	原饲料中干物质含量（%）	每天饲料需要量（千克）
玉米	15.5	13.31 × 0.155 = 2.06	87.27	2.06 ÷ 0.8727 = 2.36
麸皮	20.0	13.31 × 0.20 = 2.66	87.40	2.66 ÷ 0.874 = 3.04
棉仁饼	8.0	13.31 × 0.08 = 1.06	84.66	1.06 ÷ 0.8466 = 1.25
胡萝卜	5.0	13.31 × 0.05 = 0.67	14.70	0.67 ÷ 0.1470 = 4.56
青干草	50.0	13.31 × 0.50 = 6.66	92.94	6.66 ÷ 0.9294 = 7.17
贝壳粉	1.0	13.31 × 0.01 = 0.13	94.28	0.13 ÷ 0.9428 = 0.14
食盐	0.5	13.31 × 0.005 = 0.07		0.07
合计	100.00	13.31		18.59

（6）列出该水牛日粮配方，见表5-7。

表5-7　该水牛日粮配方

饲料种类	需要量（千克）
玉米	2.36
麸皮	3.05
棉仁饼	1.26
胡萝卜	4.53
青干草	7.16
贝壳粉	0.14
食盐	0.07

但还需说明的是，一个日粮配合方案的好坏优劣，需要经过饲养实践的进一步检验来加以验证，才能最终证明其效果。验证的直接依据是对家畜生产性能的发挥情况（即产奶量、产肉量等）、畜产品的质量和家畜的健康三方面的综合衡量，并且要通过一段时期的充分检验才能下结论。如果效果较好，则可以对该日粮配合方案做长期固定的使用，如果效果不太理想，则还需做进一步调整，直至调整到理想状况为止。

第六章　水牛的饲料供应及加工调制

饲料是发展奶水牛业的基础和前提，要发展优质、高产、高效的奶水牛业，就必须向奶水牛提供优质的饲料。一般来说，奶水牛较耐粗饲，但要使其产奶性能得到充分的发挥，就必须为其提供优质的饲料来源，包括青饲料、粗饲料和适量的精饲料。

根据饲料的营养特点和性质，奶水牛常用饲料可分为八类。即：粗饲料、青饲料、青贮饲料、能量饲料、蛋白质饲料、矿物饲料、维生素饲料、饲料添加剂。

第一节　粗饲料

粗饲料主要是指粗纤维含量为 18% 以上的饲料，这类饲料的特点是来源广、体积大、粗纤维含量高、营养价值低、适口性差，但它是奶水牛不可缺少的饲料来源，主要包括干草、秸秕等农副产品。

干草是由天然草地或人工栽培的牧草适时收割经干制而成的，其营养成分和价值的高低与青草的生长阶段密切相关。粗饲料中的秸秆和秕壳类是农作物脱谷的副产品，其所含的营养成分较干草更低。其品质因作物的生长阶段不同，收采方式和脱壳后秸秕的等级而有重大的差异。例如：豆科和禾本科作物的秸秕相比，一般是前者优于后者。

一、干草

干草是指青草在未结籽实以前刈割下来，经晒干（或其他办法干制）而成的，所以又叫青干草。干草是奶水牛最基本、最主要的饲料，而且还以一种饲草贮备的形式，调节青饲料供给的季节性淡旺，补充枯草季节青饲料的不足。在青草生长季节适时收割并制备足够的干草，是解决冬季和早春饲草供应的重要方法。

（一）干草的调制

干牧草质量的好坏主要取决于青草的收割季节和制作方法，最重要的是掌握好牧草的刈割时间，以及在收割后使青草中的水分迅速蒸发，以缩短暴晒、阴干和通风干燥的时间。不同的晒制方法对青草的养分损失差异很大，晾干的比晒干的好，用草架晾干的比在地面晒干的要好。家庭晒制干草要把割下的青草铺薄，由阳光直晒或暴晒，为了使青草的茎和枝叶同步干燥，最好将粗茎的青草割后经过碾轧、揉裂以利于水分的蒸发，这样能更多地保留青草中的营养物质。

晒制不当或者晒制过程中淋雨时，干草的损失和养分损失就会增大。特别是在晒制后期淋雨，其干物质的损失量可达 10% 以上。因为微生物的作用，严重时，可使干草腐烂、霉变，不能饲用。

阴干干草可充分保存青草中的营养成分。阴干是把收割的干草在有顶棚的场地上搭建草架，自然通风晾干。阴干的草颜色青绿、气味清香，是进一步加工干草制品（如干草粉）的良好原料。

（二）干草的饲喂技术

干草是奶水牛最基本、最主要的饲料，它不仅是一种必备的饲料，而且还以一种贮备形式，调节青饲料供给的季节性淡旺，补充枯草季节青饲料的不足。干草是一种较好的粗饲料，养分含量较为平衡，蛋白质品质完善，尤其是幼嫩的青干草是供应奶水牛采食的优质饲料。将干草与青饲料或青绿饲料混合使用，可促进奶水牛采食，增加维生素的供应。将干草与多汁饲料混合喂奶水牛，可增进干物质及粗纤维采食量，保证奶水牛的产奶量和乳汁营养含量。

二、秸秆和秕壳类

秸秆和秕壳是农作物脱谷收获籽实后所得的副产品，前者主要由茎秆和经过脱粒剩下的叶子组成，秕壳是从籽粒上托落下来的小碎片和数量有限的小的或破碎的颗粒构成。大理州大多数农村有相当多的秸秆和秕壳用作饲料。

这类饲料的主要特点：①粗纤维含量高，容积大，适口性差，消化力低。②蛋白质含量低且蛋白质品质差，但不同种类的粗饲料间营养成分有所差异，如豆科作物秸秕的蛋白质含量高于禾本科作物的秸秕。③矿物质含量较大，但钙磷含量甚少，利用率低。④维生素含量极低。

三、秸秕类饲料的加工调制

粗饲料是奶水牛饲料的重要组成成分。特别是在广大农村，粗饲料中的秸秕类是奶水牛冬春季节最常用、最基本的饲草。这类粗饲料经过适当的加工调制处理，可以提高其适口性和营养价值。这对开发饲料资源、提高此类粗饲料的利用价值都具有重大的经济意义。

四、粗饲料的加工调制方法

粗饮料的加工调制方法可分为三类：①物理处理和机械处理。②化学处理。③微生物处理。现将三种处理方法介绍如下：

（一）物理处理和机械处理

1. 切短、粉碎

粗硬而长茎的干草和秸秆，不便于奶水牛的采食和咀嚼，必须做切短处理，以便奶水牛更好地食用。把粗饲料切短，既易采食，也减少抛洒、浪费。对奶水牛而言，切短后的秸秆其适宜的长度为 3～5 厘米，粉碎可将干草和秸秕类粗饲料加工成各种粒度的草粉，但对于奶水牛而言，因不利于其反刍，不宜饲喂粉状的饲草。

将饲料切短，明显的作用是方便奶水牛采食，提高水牛的采食量。在生产中需要注意的是，给水牛饲喂过多的草粉或过短的碎草，会加快饲料经过瘤胃的速度，使粗饲料受不到微生物的充分作用而降低消化率。

2. 水浸、蒸煮

不配合加热的单纯水浸，只能将粗饲料软化，有利采食，但不能改进营养价值。可起到调味作用而增加粗饲料的采食量。用沸水烫浸或常压蒸气处理，能迅速软化秸秕类饲料，从而提高粗草干物质的消化率。

（二）化学处理

1. 碱化处理

碱化处理就是用石灰水、大碱水来处理秸秆。这一类方法在农村较为实用。

具体方法是：100 千克秸秆用 3 千克石灰，加水 200 ~ 250 升，为增进其适口性，可在石灰水中加入 0.5% 的食盐，浸泡 12 ~ 24 小时捞出，再晒 24 小时，不必冲洗即可喂牛。也可以采用喷淋法：即在水泥地上铺好切碎的秸秆，用以上比例的石灰水喷洒数次，然后将其堆放、软化，24 小时后即可饲喂。但应注意的是，这一方法对晒干的牧草不实用，会导致干牧草营养价值降低。

2. 氨化处理

氨化处理粗饲料较为常用，容易掌握，简单易行，可用液氨、氨水或者能产氨的尿素、碳酸氢铵处理秸秆。方法是：将秸秆切短，每 100 千克用 4 ~ 6 千克的尿素水将其溶解，待尿素完全溶化后，水的用量视秸秆体积而定，将该溶液分几次均匀地喷晒在秸秆上并拌匀，秸秆的含水量达到 30% ~ 40%，然后边装窖边压实，装满后用塑料薄膜覆盖压实，不透气。氨化时间为：气温 5 ~ 15℃时为 4 ~ 8 周；15 ~ 30℃时为 3 ~ 4 周。该方法要注意：要等到尿素完全分解以后才能起到氨化作用。饲喂时必须将秸秆取出晾晒 2 ~ 3 天，其目的是让氨气完全散发，否则会引起中毒。当氨化秸秆开封饲喂以后，必须在 1 个月以内全部饲喂完，否则将不再起作用。

除以上方法以外，还有微生物处理等，因其在大理州农村不便于制作和不具备推广价值，在此不做介绍。

第二节　青饲料

青饲料是指奶水牛可饲用的新鲜的植物，天然水分含量在 60% 以上。这类饲料分布范围很广，从数量上看以自然青草和栽培青饲料所占的比例最大。以禾本科和豆科草占绝对优势。青饲料幼嫩、柔软多汁、营养丰富、适口性好，基本上能满足奶牛对维生素的需要，是奶水牛饲料的重要来源。但青饲料干物质的消化能较低，限制了其他营养成分的发挥。

青绿饲料的营养特性：

（1）含水量高，热能较低，有助于消化。青饲料具有多汁性与柔嫩性，适口性好。

（2）蛋白质含量高，青饲料中蛋白质含量丰富，对奶水牛可由瘤胃微生物转化为菌体蛋白质，蛋白质品质较好。

（3）粗纤维含量低，青饲料含粗纤维较少，木质素低。

（4）钙、磷比例适宜，是较好的矿物质来源。

（5）青饲料中维生素含量较为丰富，最突出的特点是含有大量的胡萝卜素，但维生素 B_6 很少，缺乏维生素 D。

一、影响青饲料营养价值的因素

（一）青饲料的种类

一般豆科牧草和蔬菜类的营养价值较高，禾本科及水生饲料的营养价值最低。

（二）植物的生长阶段

幼嫩的植物含水多、干物质少、蛋白质含量多、粗纤维含量低，所以生长早期的各种牧草草消化率较高。随着植物的生长，水分逐渐减少，干物质中粗蛋白质也随着下降，粗纤维含量上升。

（三）植物体不同部位的影响

植物体不同部位的营养成分差别很大。例如：苜蓿上部茎叶中蛋白质含量高于下部茎叶，粗纤维含量高于下部。但一般来说，无论是什么部位，茎中蛋白质含量少，粗纤维含量高，而叶中的蛋白质和粗纤维含量则相反。因此，叶片占全株比例越大，整株的营养价值越高。

（四）土壤、肥料等的影响

青饲料的营养价值还受到栽培土壤、气候、施肥等因素的影响。例如：生长在钙、磷缺乏的泥炭土和沼泽土壤中的植物，其钙磷含量较少。氮肥量施放适当，可以增加青饲料中粗蛋白质的含量，使其生长旺盛，茎叶颜色变得浓绿，胡萝卜素也有所增加。

二、青饲料的利用及饲喂技巧

青饲料在奶水牛日粮中的用量，受奶水牛年龄和产奶量的限制。青饲料一般和精饲料搭配饲喂，在购买精饲料时，因为其价格高，所以不必选购浓缩料，最适合选用 5% 左右的预混料。如果经济许可，浓缩料是最为理想的精饲料，其添加比例一般为 20%~40%，其优点是方便使用，易于掌握合适的配兑比例。浓缩料去掉植物性蛋白原料，余下的部分就是预混料，添加比例一般为 0.5%~10%，市场最常见的是 5% 预混料，其优点是方便、成本低、易于存放，缺点是配置比较费时。

三、青饲料利用的要点

（1）利用时间要适时。青绿饲料在利用上有较强的时间性，一般禾本科牧草应在抽穗时利用，豆科应在始花期利用。

（2）喂量要适宜。青绿饲料因其适口性好、营养高、成本较低等优点，被一些农户大量用来饲喂奶水牛，这是很不正确的。因为青绿饲料的体积大，奶水牛大量采食后会有饱胀感，但会因精饲料的摄入不足，营养供应不足而影响其产奶量。

（3）要防止毒草引起中毒。

（4）防止农药引起中毒。

（5）防止发生瘤胃鼓气。

四、饲用青饲料时应该注意的问题

（1）防止亚硝酸盐中毒。青饲料（如蔬菜、萝卜叶、油菜叶等）都含有硝酸盐，硝酸盐本身无毒或低毒，但在细菌的作用下，硝酸盐可被还原为具有毒性的亚硝酸盐。青绿饲料堆放时间过长、发霉腐败或者在锅里加热过长、煮后闷在锅里、缸中过夜等，都会使细菌将硝酸盐还原为亚硝酸盐。亚硝酸盐中毒时发病很快，多在一天内死亡，严重者可在半小时内死亡。发病症状表现为动物不安、腹痛、呕吐、流涎、吐白沫，呼吸困难、心跳加快、全身震颤、行走摇晃、后肢麻痹，体温无变化或偏低，血液呈酱油色。

（2）防止氢氰酸和氰化物中毒 。氰化物是剧毒物质，即使在饲料中含量很低也会造成中毒。氢氰酸中毒的症状为腹痛、呼吸困难而且呼吸急促，呼出气体有苦杏仁味，行走站立不稳，可见黏膜由红色变为白色或带紫色，牙关紧闭，瞳孔放大，最后卧地不起，四肢划动，呼吸麻痹而死。

（3）防止有些植物因含有毒素而引起动物中毒，如夹竹桃等。

第三节　青贮饲料

青贮饲料是用青绿饲料或青绿农作物秸秆以及全株玉米为原料，通过铡碎装入青贮窖并将其压实、密封，也可采用打捆打包青贮，经乳酸发酵制成的饲料。含水量一般为 65%～75%，pH 值为 4.2 左右。制作青贮饲料的原料一般以禾本科植物为主，青贮饲料可以较好地保存青饲料的营养特性，又是青饲料在冬春季节延续利用的一种形式。因此，青贮饲料在世界范围内得到的广泛应用。

以青绿饲料制备的青贮饲料和干草的区别：青贮饲料在制备的过程中营养物质的损失比晒制干草要少，干草是用青饲料脱水来消除保存过程中的一些不利因素的影响，青贮饲料是借助微生物活动、生物化学和化学变化控制环境条件而保存青饲料的营养物质，在营养上保持了青饲料原有的青绿多汁，加之有酸香气味，对水牛的适口性较好。由于青贮饲料是在密闭设备中保存，避免了空气氧化和气候因素的影响，也可以防止雨淋和其他不利因素的危害，是饲养奶水牛中值得提倡的一种方法。

一、青贮饲料的营养特点

青贮饲料是低水分青贮饲料，可以最大限度地保持青绿饲料的营养物质，且含水量大大低于同名青饲料。青贮饲料与原植物相比，最明显的变化是碳水化合物含量减少，对蛋白质而言，二者相差不大。

二、青贮的原理和过程

青贮是利用原料和大气中的乳酸菌在切碎的青饲料及其流出液汁中进行密闭条件下的厌氧发酵，产生大量乳酸，使青饲料中的 pH 值＜ 4.0，杀灭或抑制了其他有害杂菌（如各种好氧的腐败菌和霉菌等）的活动，从而达到完好保存青贮饲料和供长期饲用的目的。

（一）青贮原料的收割、失水、切碎、压实、密封

青贮原料来源广泛，一般禾本科作物都可以用来制作青贮饲料，在大理州农村，一般使用玉米秸秆或者是专门种植的全株青贮玉米，长的青绿植物通常都要在收割后将其轧短，经过一定的失水处理后再青贮。如果在含水量高的状态下直接切碎青贮，虽然有利于乳酸菌发酵，但会导致汁液流失和酸度较大（pH 值＜ 3.8）。

青贮原料经层层压实，减少了容器中空气的缝隙，青贮容器密封以后，阻隔了氧气的进入，这些都是青贮饲料成功的必要条件。需要注意的是，无论是机械碾压或者是人工压实，应注意容器周边和四角的填充和压紧，一般采用塔式和窖、壕式青贮时，覆膜后还应用泥土层压实，并检查因下沉造成的裂缝应及时填补压实。地下青贮窖封顶应高出地面，并在周边留出排水沟，以免水渗入窖、壕内，损害青贮饲料。

（二）青贮饲料的饲用技术

1. 取用

青贮饲料一般在调制后 30 天左右即可开窖饲用。一旦开窖，就得天天饲用，取用的原则是：每日按实际采食量由表层均匀取用，切勿全部打开或掏洞取用，取后要将余下的青贮饲料用塑料膜覆盖，避免过多地与空气、水接触，造成青贮饲料霉烂变质，已经发霉的青贮饲料不能饲用。

2. 喂法

青贮饲料适口性好，但多汁易引起轻泻，应与干草秸秆和精饲料类搭配饲用。开始饲喂青贮饲料时要有一个适应过程，喂量要由少到多逐渐增加，最好是早上饲喂青贮饲料，晚上喂草。如果在饲喂的过程中发现青贮饲料太酸，奶水牛不太爱吃时，可加入适量的食盐和玉米面拌匀喂食。

（三）品质鉴定

青贮 35 ~ 40 天后即可开窖，其品质鉴定是：颜色呈青绿或黄绿色，茎叶纹理清晰、有光泽，气呈芳香、酒香味，略酸是好的青贮饲料；如饲料气味恶臭，说明已经腐败。霉败腐败的青贮饲料不能喂牛。

第四节　能量饲料

能量饲料是指在干物质中粗纤维含量小于 18%，粗蛋白质含量低于 20% 的饲料。又分为谷实类、薯类、糠麸糟渣类等。这类饲料一般淀粉含量高，易消化，利用率高，是配合饲料中最常用的供能原料。

能量饲料的特点：①因其含量中主要是淀粉，故其消化能很高。②粗纤维含量低，一般在 5% 之内，只有带有硬壳的大麦、燕麦等粗纤维可达 10% 左右。③蛋白质和必需氨基酸含量不足，尤其玉米中色氨酸含量少，而麦类中苏氨酸含量少是其突出的特点。④在矿物质营养方面表现为缺钙而多植酸磷。⑤维生素方面，黄色玉米维生素 A 原较为丰富，其他谷实类饲料（含白玉米）含量则极微。谷实类饲料富含维生素 B_1 和维生素 E，含少量的维生素 B_2、维生素 C 和维生素 D，所有谷实类饲料均不含维生素 B_{12}。⑥此类饲料脂肪含量为 3.5% 左右，其中主要是不饱和脂肪酸。

一、几种主要的谷实类饲料

（一）玉米

玉米在大理州的种植面积很大，是奶水牛的基础饲料，号称“饲料之王”。在配合饲料中使用比例很大，但玉米的蛋白质含量低，矿物质元素和维生素缺乏，在配合饲料中常需用其他饲料和添加剂来补充配合饲用。黄玉米含有少量胡萝卜素和叶黄素，有助于蛋黄、奶油和鸡皮肤的着色。

（二）小麦

产量不及玉米，但其生长期短，有利于耕作。由于小麦主要用于粮食，其经济价值较高，在大理州一般不直接用于饲料。小麦制粉的副产品麸皮、次粉则用作饲料。小麦适口性好，营养物质易于消化吸收，各种氨基酸含量和钙、磷、铜、锰、锌等矿物元素的含量均高于玉米。

（三）大麦

在粗蛋白质和必需氨基酸含量方面，大麦稍高于玉米。大麦的粗纤维含量高、质地疏松、容重大，是家畜的良好饲料。

（四）稻谷

稻谷作为大理州的第一粮食作物，种植面积也最广。稻谷主要用作人的粮食，很少直接用于饲料。稻谷外包颖壳，粗纤维含量也高，有效能值低于玉米。脱谷壳后的糙米和制米筛分出的碎米是畜禽的优质能量饲料。稻谷的蛋白质含量比玉米稍低，氨基酸含量与玉米近似。粗灰分含量则为玉米的 3 倍以上，主要是稻谷中的硅成分特别高，而有用的钙、磷和微量元素与玉米相仿。

二、糠麸类饲料

糠麸类饲料主要包括两类粮食的副产品。大米的副产物叫作糠，面制品制粉的副产品称为麸。都是由谷实的果皮、种皮、胚、部分糊粉层和部分碎米、碎麦组成，与其对应的谷物籽实相比，糠麸类饲料的粗纤维、粗脂肪、粗蛋白质、矿物质和维生素含量高，淀粉则低得多，所以有效能值也远比相应的谷实类低。

（一）糠麸类饲料的营养特性

1. 优点

（1）蛋白质含量较高，约 15% 左右。

（2）维生素 B 族含量丰富，尤其是维生素 B_1、维生素 E、烟酸、胆碱和吡哆醇较多。

（3）含有较多的粗纤维和硫酸盐，物理结构疏松，容积大，具有轻泻性。

（4）可作为载体、稀释剂和吸附剂。

（5）可作为发酵饲料的原料。

2. 缺点

（1）可利用效能低，代谢能水平均为谷实类的一半左右。

（2）含钙很少，不利于吸收。

（3）有吸水性，容易发霉变质，尤其是大米糠含脂肪多，更易酸败，难以贮存。

（二）常用糠麸类饲料的饲喂价值及应用技术

（1）小麦麸。又叫麸皮，是小麦磨面加工制粉后的碎屑片的种皮，并带有粉状物质。制精粉时，麦麸中胚乳量增大，品质好。小麦麸中含有较多的 B 族维生素，小麦麸中粗蛋白质和粗纤维含量都很高，有效能相对较低。

（2）稻糠。也叫米糠，由糙米精加工时分离的种皮、糊粉层和胚三部分混合而成，其营养价值取决于大米精加工的程度。制米加工越精，则稻糠中所含胚乳部分也越多。稻糠中脂肪含量比一般糠麸约高出一倍多，容易氧化而酸败，不利保存。

（3）其他加工副产物。有玉米糠、大麦麸、次粉等。这类饲料常用来饲喂奶水牛，是奶水牛重要饲料来源，有很好的促进产奶作用。但因其不便采食，且易造成食道梗塞，必须同其他饲料共同配合饲用。

第五节　蛋白质饲料

蛋白质饲料是指饲料干物质中粗纤维含量低于 18% 以下，粗蛋白质含量高于 20% 以上的饲料。比如：豆类籽实类、饼粕类、动物性蛋白质饲料、优质干草、动物的蚕蛹、鱼粉、血粉和其他类蛋白质饲料，如尿素等。以下就常用的几种加以叙述。

一、豆类籽实

豆类籽实主要是指大豆（黄豆）、黑豆、豌豆和蚕豆等。其主要用于人的食品。豆类籽实的营养特点是蛋白质含量高，约 20% ~ 40%，蛋白质的氨基酸组成也较好，其中赖氨酸丰富，而蛋氨酸等含硫氨基酸相对不足。大豆和花生的粗脂肪含量高，超过 15%。因此，日粮和配合饲料中有大豆籽实类饲料，可提高其有效能值。大豆经膨化之后，可消除对幼龄动物的抗原性，适口性及蛋白质消化率明显改善。可见，大豆经膨化之后，其饲用效果更佳。

二、饼粕类

饼粕类饲料是含油多的籽实经过脱油以后留下来的副产品。压榨提油获得的块状副产物称作饼，浸提出油获得碎片状副产物称作粕。常见的有大豆饼粕、菜籽饼粕、花生饼粕、向日葵饼粕、胡麻饼粕等。此外，还有数量较少的芝麻饼粕、麻籽饼粕、红花和蓖麻饼粕等。

饼粕类饲料的营养价值因提油原料种类和加工工艺有所不同，特别是带壳原料的脱壳程度，对所得的饼粕质量影响很大。饼粕类饲料的粗蛋白质含量大致为 30% ~ 45%，普遍较提油前高。

大豆饼粕是植物性蛋白质饲料的典型代表，因价格的原因其用量常受到限制，因此杂粕（饼）的使用备受关注。

（一）饼粕的主要缺陷

（1）氨基酸平衡性差，有效氨基酸含量低。

（2）有效能值低。

（3）含有毒素。

（4）有的粗纤维含量高，有效养分含量变异大。

在饲用时针对上述四点可利用氨基酸和有效能含量设计配方，补充氨基酸和油脂，多种饼粕搭配使用，必要时进行脱毒处理等。在奶水牛日粮中其比例可为 5% ~ 15%。

（二）脱毒技术

棉籽、油菜等饼粕饲料在饲用前必须经过脱毒，脱毒技术可以采取加热处理、微生物发酵处理及化学去毒处理等。化学去毒处理是在棉籽饼粕中加入某种化学物质，如亚铁、钙、碱、尿素等，使有毒的游离棉酚变成无毒的结合棉酚而达到脱毒目的，其中最常用的是硫酸亚铁法。

第六节 矿物质饲料

矿物质饲料是一种用以补充矿物质微量元素的物质。包括提供钙、磷、钠、镁、氯等非常量元素的矿物饲料，也包括能提供铁、铜、锰、锌、钴、碘、硒等各种微量元素的无机盐类或其他产品，如：石粉、食盐、硫酸盐等。

常用的矿物饲料有：

一、磷酸钙

磷酸钙能同时提供钙和磷，是化工生产的产品。最常用的是磷酸氢钙，可溶性较其他产品好，动物对其中的钙和磷的吸收利用率也高。

这里应该注意的是：磷、钙源饲料与肥料用的磷肥是有区别的。磷肥如过磷酸钙、磷灰石等，往往含有更大量的氟和其他重金属等有害物质，饲用上是不安全的，因此不能在饲料中使用。

二、食盐

食盐能提供植物性饲料较为缺乏的钠和氯两种元素。食盐有海盐和矿盐之分，但氯化钠含量均为95%以上。商品食盐含钠38%、氯58%，另有少量的镁碘等元素。专门生产的食盐有加碘和加硒的产品。使用时要了解厂家提供的说明书中的说明和保质期。

三、补充微量元素类饲料

本类饲料多为化工生产的各种微量元素的无机盐类和氧化物。近年来，微量元素的有机酸盐和化合物以其生物效能高和抗营养干扰能力强而受到重视。常用的补充微量元素类有铁、铜、锰、锌、钴、碘、硒等。

矿物质饲料多为各种微量元素的无机盐类或氧化物。微量元素的有机酸盐和化合物以其生物效能高和抗营养干扰能力强而受到重视，但因质量不稳定和价格昂贵而使其在生产中大范围的使用受到限制。确定和饲用维生素类饲料时应注意以下问题：①微量元素化合物及其活性成分含量。②微量元素化合物的可利用性。③规格（包括细度、卫生指标及这一化合物的特殊特点等）。

在现实生产过程中，对其用量的把握要求很高，用量过大会引起相反的效果，甚至引起中毒。

第七节　维生素类饲料

维生素类饲料来源有工业提纯或合成的维生素制剂。不包括富含维生素的青绿饲料，属于此一类的大多是人工合成的产品。动植物的某些饲料可富含某种或数种维生素，例如鱼肝富含维生素 A、维生素 D，种子的胚富含维生素 E，但这些都不划为维生素类。

维生素按其溶解性将其分为两类：脂溶性维生素和水溶性维生素。前者包括维生素 A、维生素 D、维生素 E、维生素 K，后者包括全部 B 族维生素和维生素 C。此外，还有一些类维生素物质，如肌醇、对氨基苯酸甲、乳清酸、维生素 Bt 和黄酮类物质，因其与维生素的性质定义不全相同，并非对所有动物都适用，因此暂不列入。

一、脂溶性维生素

脂溶性维生素包括四种维生素，即维生素 A、维生素 D、维生素 E、维生素 K。每种维生素又有不同结构形式的衍生物，但都有同样的功能，而在生物效价方面却可能不同。

维生素 A、维生素 D、维生素 E、维生素 K 遇光、氧气和酸，可迅速被破坏，避光条件下可较长时间保存（12 个月）。

二、水溶性维生素

水溶性维生素包括 B 族的各种维生素和维生素 C。为了生产中使用方便，水溶性维生素预先可按各类动物对维生素的需要，拟制出实用性配方，按配方将各种维生素与抗氧化剂和疏散剂加到一起，再加入载体和稀释剂，经充分混合均匀，即成为多种（复合）维生素预混料，使用十分方便。

第八节　饲料添加剂

饲料添加剂是指那些能保证或改善饲料品质，防止质量下降，促进奶水牛生长、繁殖、健康而掺入饲料中的微量物质。其目的在于满足养殖生产的特殊需要，如保健、促生长、增食欲、防饲料变质、保存饲料中的某些物质的活性、破坏饲料中的某些毒害成分、改善饲料及某些畜产品的品质、改善饲养环境等。广义来说，饲料添加剂包括非营养性和营养性添加剂，这里不包括为了治疗目的而短期大剂量加入饲料的药物。

添加剂在配合饲料中通常所占比例很小，但其作用却是多方面的。对奶水牛起着抑制消化道有害微生物繁殖的作用，能促进饲料营养物质消化、吸收以及抗病、保健、驱虫、改变代谢类型、定向调控营养、促进动物生长和营养物质沉积、减少动物兴奋、降低饲料消耗、改进产品色泽、提高商品等级等。在饲料及环境方面起的作用有疏水、防霉、防腐、抗氧化及黏结、赋型、防静电、增加香味、改变色泽、除臭、防尘等。

在天然饲料和农业副产品中，可以单独满足奶水牛营养需要的物质种类极少。在粗放饲养情况下，奶水牛的生产水平不高，加之所处的生活环境给它提供了广泛的自我调节条件，奶水牛可以通过寻食、采食，进行营养物质的自我调控。在此种情况下，奶水牛自身供给的物质品种、数量问题并不突出。但是，随着集约化饲养业的发展，全封闭管理环境的出现，使奶水牛处于基本上和自然环境隔绝的条件下，因而其营养物质完全取之于畜主所提供的饲料，所以全价营养供应问题日趋突出。加之遗传育种工作的进展，大大提高了奶水牛的生产性能，也使奶水牛对营养物质供应的要求更加苛刻。为此就提出了全价营养的完善日粮搭配，以全面满足奶水牛在不同生长阶段和不同生产用途中对各种营养物质的要求，保证奶水牛业的高效生产。

一、日粮搭配的原则与方法

所谓日粮（ration）是指满足一头奶水牛一昼夜所需各种营养物质而采食的各种饲料总量。在饲养业中为区别于日粮，将这种按百分比配合成的混合饲料称为饲粮（diet）。依据营养需要量所确定的饲粮中各饲料原料组分的百分比构成，就称为饲料配方（formula）。饲料生产厂家可以按照不同的饲料配方生产出符合各种家畜不同需要的系列配合饲料（formula feed）。

日粮、饲粮及配合饲料间存在着极其密切的关系，都是以具体饲喂对象的营养需要量（饲养标准）为依据，考虑所用饲料组分的具体情况进行科学搭配，补充并计算出各个构成组分含量所占百分数的配合，而不是无科学根据的随意混合。科学搭配饲料在奶水牛的生产中具有极其重要的意义。首先，它可以全面满足奶水牛不同生长阶段的营养需要，使奶水牛的生产潜力得到最大程度的发挥，保证了育种的成果得到充分的的体现；其次，由于合理搭配使饲用原料中的营养物质得到最大程度的利用，从而大大提高了饲料的利用效率，达到了节约和合理利用饲料资源的目的。

二、日粮配合的原则

在配合日粮时必须遵循下列原则：

（1）奶水牛的日粮搭配是为了满足奶水牛全面营养需要的。因此，在配合日粮时，必须以饲喂对象的营养需要和饲养标准为基础，再结合奶水牛的具体生长阶段和其在生产中的反应，对标准给量进行适当调整，即要灵活使用饲养标准。

（2）在搭配日粮时，除考虑供给营养物质的数量外，也必须考虑所用饲料的适口性。尽可能配合一个营养完全、适口性好的日粮。

（3）在日粮搭配时，饲用原料的选择应使所配日粮既能满足饲喂对象的营养需要，又具有与其消化相适应的容积。同时，所选饲料的性质也必须符合饲喂对象的消化生理特点。

（4）奶水牛日粮，不能使用动物源性饲料原料。

（4）在日粮搭配时，饲用原料的选择必须考虑经济核算原则，尽量因地制宜，选用本地区适用且价格低廉者。

参考文献：

[1] 韩有文 . 饲料与饲养学 [M]. 北京：中国农业出版社，2005.
[2] 姚军虎 . 动物营养与饲料 [M]. 北京：中国农业出版社，2006.
[3] 王惠生 . 奶牛高效饲养技术 [M]. 北京：科学技术文献出版社，2006.

第七章　牧草种植与饲草加工

第一节　人工牧草种植

一、人工牧草种植的目的和意义

饲草饲料，特别是优质的粗饲料，不仅是草食畜最重要的营养来源，而且对提高畜产品质量有着不可替代的作用。纵观世界上的畜牧业发达国家，无一例外都是以发达的草业生产与供应为基础条件的，而随着我国草食畜牧业的快速发展，优质饲草饲料的需求量也在不断增加。

奶牛、肉牛产业是大理州的畜牧业优势产业，2016 年末全州大牲畜存栏 134.51 万头，羊存栏 158 万只。饲草饲料是发展畜牧业，尤其是草食畜的物质基础，发展草食畜就必须要大力发展青贮饲料。长期以来，养牛业中普遍存在的青绿饲草料质量差、数量不足、供求不平衡等诸多因素制约着奶牛、肉牛业发展。充分利用大理州土地资源，解决草畜矛盾，适应快速发展的乳业产业化、肉牛产业化发展需要，发展草产业是重要的措施之一。

人工牧草种植是根据牧草的生物学、生态学和群落结构的特点，有计划地将一部分土地播种一年生或多年生牧草，从而获得质优量多的饲草、饲料，以满足畜牧业发展的需要。同时，人工牧草种植可解决冬春缺草，保持饲草的平衡供应，调整农村产业结构，发展节粮型、高产型、绿色环保型畜牧业的需要，继而推动农村经济持续稳定地增长 。

二、优质牧草品种的标准

种草养畜已成为农民增收致富的新亮点。科学选择适宜的优良牧草品种，是农区种草养畜业成败的关键。优质牧草应具备以下条件：牧草产量高、营养价值高、适口性好、抗病虫害能力强、适应性广。

五个条件中必须具备前三个条件才能称得上是优良品种，且优良品种只有在适合该品种的土壤、气候、海拔、温度、湿度的环境条件下种植，才能体现其优良性。品种优劣必须结合本地生态环境进行科学试验才能确定，确定后方可大面积推广应用。

人工种植优良牧草品种的选择要根据本地地理气候条件 、土壤状况、畜禽养殖种类、利用目的、不同品种适栽季节、品质及适口性、多种牧草互补搭配等原则。

三、牧草品种

（一）禾本科牧草

1. 一年生黑麦草

一年生黑麦草属禾本科牧草杂交种，具有生长快，产量高，适口性好等特点。

（1）植物学特性

一年生黑麦草是丛生型的禾本科牧草。根系发达，分蘖能力强，平均达 60 个左右；茎高 50 ~ 120 厘米，茎秆直立、圆形、柔软。

（2）生物学特性

一年生黑麦草喜温暖湿润气候，怕高温、怕涝，抗寒力强，幼苗可以忍受 1 ~ 3℃的低温，植株在昼夜温度 25 ~ 12℃时生长速度最快。抗旱能力差，最适在年降水量 1000 ~ 1500 毫米的地方种植。喜肥沃而深厚的壤土或沙壤土，一般黏性土壤也能生长。

（3）常见品种

大理州适宜种植的一年生黑麦草品种主要有“特高”和“邦德” 。二者皆属黑麦草属禾本科四倍体杂交种，是一种优良的牧草，采食率为 95% 以上。因其柔嫩多汁，是家畜、家禽和草食性鱼类所喜食的牧草品种。主要特点是生长快、分蘖力强、再生性好 、产量高。

①一年生黑麦草“特高”。草质柔软多汁，适口性好，种植后 45 天即可利用，在水肥条件好的 4 ~ 11 月，一般 15 天可刈割一次。多次刈割年亩产鲜草可达 8 ~ 12 吨，蛋白含量高，干物质粗蛋白质含量达 18% ~ 22.8%。农田种植全年亩产鲜草达 15 吨以上。

②一年生黑麦草“邦德”。新一代的四倍体一年生黑麦草品种，叶片宽大，鲜嫩多汁，糖分含量高，蛋白质含量达 12% ~ 25%，建植快、生长旺盛，其根系有助于改善土壤结构。可多用途使用，既可以鲜喂，也可以调制干草，还可以青贮。

一年生黑麦草适宜在农田、山地、经济果木的幼林地种植。作为刈割型牧草，适合鲜饲各种畜禽，特别适合饲喂奶牛、肉牛、兔、猪、羊、鹅等，也可以晒制青干草和制作青贮。

2. 多年生黑麦草

（1）植物学特性

多年生黑麦草是禾本科黑麦草属植物，约 10 种。丛生，根系发达，须根主要分布于 15 厘米表土层中，分蘖多，单株栽培情况下可达 250 ~ 300 个或更多。秆直立，高 80 ~ 100 厘米。

（2）生物学特性

多年生黑麦草喜温凉湿润气候，宜夏季凉爽、冬季不太严寒地区生长。适宜的年降水量为 500 ~ 1500 毫米，但以 1000 毫米较适宜，温度为 10 ~ 27℃，零下 15 ℃以下难以生长，35℃以上易枯萎死亡。不耐阴、不耐旱、能耐湿，夏季高温干旱对生长极为不利。喜肥不耐瘠，适宜在排水良好、湿润肥沃、pH 值为 6 ~ 7 的土壤上栽培。

秋播次年可刈割 3 ~ 4 次，每亩产鲜草 3000 ~ 4000 千克。

多年生黑麦草适合在山地，经济果木的中龄地 、疏林地，林间草场种植，作为放牧型牧草地，适合放牧各种畜禽，特别适合自然草场的更新补播，作为肉牛、山羊、鸡等家畜、家禽的放牧场地。

3. 鸭茅

（1）植物学特性

鸭茅又名鸡脚草、果园草，是一种疏丛型多年生草本牧草，寿命 5 ~ 6 年。

为牛、羊、家禽优质饲草。有特别发达的须根系，密布于 10 ~ 30 厘米的土层内，深的可达 1 米以上。茎秆直立，高约 40 ~ 80 厘米。基叶繁多，叶片扁长而柔软，边缘粗糙有刺。圆锥花序，小穗着生在穗轴的一侧，形似鸡脚，内、外稃均具纤毛。种子长卵形，黄褐色。

（2）生物学特性

鸭茅喜温暖湿润气候，抗寒力中等，不耐高温和干旱。

鸭茅营养价值高，鲜草孕穗期干物质、粗蛋白质含量可高达 18.4%，播种当年刈割 1 次，亩产鲜草 1000 千克，第二、三年可刈割 2 ~ 3 次，亩产鲜草 3000 千克以上。生长在肥沃土壤条件下，年亩产鲜草可达 5000 千克左右。

鸭茅较为耐荫，与果树结合，适合在经济果木中龄地（5 ~ 10 年）种植，在疏林地、林间草场等地种植可作为放牧型牧草地，刈割后青饲或调制干草、制作青贮。鸭茅适合饲喂各种家畜，特别适合自然草场的更新补播，作为肉牛、山羊、鸡等家畜、家禽的放牧场地。

（二）豆科牧草

1. 多年生紫花苜蓿

紫花苜蓿因其干物资营养价值丰富、适口性好、易消化，而被称为“牧草之王”。

（1）植物学特性

紫花苜蓿是豆科苜蓿属短期多年生牧草，利用年限 3 ~ 8 年。根系发达，主根入土深达数米至数十米；根茎密生许多茎芽，显露于地面或埋入表土中，茎蘖枝条多达十余条至上百条。

（2）生物学特性

多年生豆科牧草紫花苜蓿抗逆性强，适应范围广，能生长在多种类型的气候、土壤环境下。喜干燥、温暖、多晴天、少雨天的气候和疏松、排水良好，富含钙质的土壤。最适气温 25 ~ 30℃，年降雨为 400 ~ 800 毫米，越过 1000 毫米则生长不良。紫花苜蓿适应在中性至微碱性土壤上种植，不适应强酸、强碱性土壤，最适土壤 pH 值为 7 ~ 8。在海拔 2700 米以下，无霜期 100 天以上，全年气温≥ 10℃，年平均气温 4℃以上的地区都是紫花苜蓿宜植区。

（3）品种介绍

①紫花苜蓿（WL525HQ）。世界上第一个以近红外辐射育种技术育成的新品种，主要特点是冬季不休眠，耐高温、高湿，抗病虫能力强。叶片大而多、产

量高。即使在重黏性土壤、排水不良的情况下，仍能保持较强的生长势。

紫花苜蓿（WL525HQ）生长快、产量高。据大理州畜牧站测定：农田种植，当年平均鲜草产量达5279千克/亩；第二年可达8000千克/亩。干物质含量达20.3%；粗蛋白质含量达22.8%；粗脂肪含量为2.1%；钙含量为2.0%；磷含量为0.28%。

紫花苜蓿（WL525HQ）适合在农田、山地、经济果木的幼林地种植，作为刈割型牧草地，适合饲喂各种畜禽，特别适合饲喂奶牛、肉牛、兔、猪、羊、鹅等畜禽。适宜鲜草利用和晒制青干草，也可以制作青贮。

② 紫花苜蓿游客。冬季高产型紫花苜蓿品种，秋眠级为8级。该品种分枝密集、细茎、多叶，抗病虫害能力强，适宜在降雨量高和排水良好的区域种植，对酸性和碱性土壤适应性强，非常适合我国四川、贵州、云南、重庆等地区种植，用于生产高质量的干草和放牧家畜禽。另外，其持续性很好，依管理水平不同，可持续利用4~5年。根茎较低，对放牧和刈割利用均有非常好的适应性。

紫花苜蓿游客种植当年可刈割4次，亩产鲜草1500~2000千克，第二年可刈割6~8次，亩产鲜草7000~8000千克。该品种适合农田、山地、经济果木的幼林地种植，作为刈割型牧草地，适合饲喂各种家畜，特别适合饲喂奶牛、肉牛、兔、猪、羊、鹅等畜禽。适宜鲜草利用和晒制青干草，也可以制作青贮。

2. 多年生红三叶（普通、雷得昆）

（1）植物学特性

红三叶，也叫作红车轴草、红荷兰翘摇，拉丁名：*Trifolium pratense*，是豆科车轴草属的草本植物，原产于小亚细亚及欧洲西南部。

（2）生物学特性

红三叶属豆科短期多年生牧草，利用年限为3~5年，喜温暖潮湿的沙壤土，适宜生长温度为15~25℃。年降雨量为1000毫米左右、海拔为1800~2200米。红三叶生长快、草质柔嫩多汁、营养丰富、适口性好，多种家畜都喜食。可以青饲、青贮、放牧，也可调制青干草、加工草粉和各种草产品。

红三叶与多年生禾本科牧草混播，可使草地生产力稳定高产，饲草营养价值和适口性都可显著改善。红三叶鲜草产量高，种植当年即可利用。种后第二年多次刈割亩产鲜草可达10000千克左右，干物质粗蛋白质含量16.59%。每亩播种量为1000~1200千克。适合田间和山地种草，饲喂畜种马、牛、羊、猪、鸡、鹅等。

3. 多年生白三叶（海弗、休依）

（1）植物学特性

多年生白三叶又名白车轴草（*Trifolium repens* L）、白花三叶草、白三草、车轴草、荷兰翘摇等，多年生草本；属豆科长期多年生牧草，利用年限8～20年；主根短，侧根和须根发达；茎匍匐蔓生，上部稍上升，节上生根；全株无毛；掌状三出复叶；托叶卵状披针形，膜质，基部抱茎成鞘状，离生部分锐尖。

（2）生物学特性

该品种适应性强，抗热、抗寒性强，耐旱、耐阴、耐瘠薄，可在酸性土壤中旺盛生长，也可在砂质土中生长，有一定的观赏价值。海拔1500～3000米均可种植。牧草侵占力强，第一年生长缓慢，匍匐茎第二年生长迅速，可侵占整块草地。牧草适口性好、粗蛋白质含量为26.5%（干物质），适合田间、山地、果园种植，一般种后第二年才能利用。适合饲喂各种家畜。

4. 一年生豆科牧草春箭筈豌豆

（1）植物学特性

春箭筈豌豆茎叶茂盛、草质柔嫩、营养丰富、适口性好，各类家畜均喜食，是一种优良的草、种兼用的饲料作物，也是很好的复种牧草和绿肥作物。籽实是优良的精饲料，茎秆可青饲和调制干草，也可直接放牧。

（2）生物学特性

春箭筈豌豆喜凉爽干燥气候、抗逆性强、适应性广，其抗寒性强、耐旱性较强、耐瘠薄，最适排水良好的沙质壤土。

一般亩产籽实100～250千克，套种青草1500～2500千克，单播4000～7000千克。干草中粗蛋白质含量13.3%，种籽蛋白质含量30.45%，是很好的豆科绿肥和牧草作物。可与各种作物套种，也可与蚕豆和燕麦等作物混种。

春箭筈豌豆在大理州的洱源县、剑川县、漾濞县等均有种植。在洱源县与蚕豆套种，间拔亩产鲜草2000千克左右。单播多次间拔亩产鲜草6000～7000千克，一次性刈割亩产鲜草4000～5000千克。该品种是饲喂奶牛的较好青绿饲料。春箭筈豌豆含有一定量的氢氰酸，在饲喂时注意不要单一化和喂量过多。

（三）青贮玉米

1. 青贮玉米品种（YR12）

青贮玉米品种（YR12）为杂交一代种，品种成株整齐，抗病、抗逆能力较强，丰产性好，适应性广。株型半紧凑，春播生育期120天，平均株高265厘米，穗位高 105 厘米，穗长 17 厘米，穗粗 5 厘米，穗行数 14 ~ 16 行，行位数 32 粒，千粒重 330 克，出籽率 82%，籽粒黄色，中间偏硬粒型，商品性好。

该品种适宜大理州大部分地区田间、山地种植。2010 年，大理州畜牧站引进开展农田一年两茬种植，山地种植试验。一是于 2010 年 7 月 23 日和 2010 年 10 月 20 日对感通奶牛养殖场在大庄村种植的 26 亩青贮玉米进行了产量测定，第一茬：腊熟期，生长天数 122 天，平均株高 269.58 厘米（231 ~ 312 厘米），平均亩产 6245.9 千克；第二茬：乳熟期，生长天数 94 天，平均株高 324 厘米（230 ~ 360 厘米），平均亩产 5154.68 千克。两茬合计生长期 216 天，亩产 11400.58 千克。二是在大理市凤仪镇华营荒草坝欧亚奶牛养殖场山地示范种植，于 10 月 26 日进行产量测定，其结果为：完熟期，生长天数 130 天，平均株高 273.8 厘米，亩产全株玉米 4770.46 千克。

2. 曲辰 9 号

曲辰 9 号植株深绿色，成株整齐，株型紧凑，叶片肥厚宽大。茎秆青绿色。雄花颖壳淡青色，花药淡红色。雌花粉红色。株高 251 厘米，穗位高 104 厘米，收获时单株绿叶数 15 叶，穗长 19.7 厘米，穗粗 4.8 厘米，圆柱形，穗轴白色，穗行数 12.5 行，行粒数 34.6 粒，粒色白色，中间型，千粒重 346 克，生育期 132 天。

该品种适宜大部分地区田间、山地种植。大理州畜牧站 2012 年进行示范推广种植，并在大理市感通牧场进行一年两茬种植测产试验，两茬总生长期 179 天，平均株高 286 厘米，亩产鲜草 13170 千克。巍山县五印乡、大理市华营欧亚牛场山地种植，平均生长期 141 天，平均株高 273 厘米，平均亩产 5222 千克。2013 年，大理州畜牧站在洱源县三营镇九龙村推广种植 500 多亩，经测定生长期 124 天，完熟期平均株高 267 厘米，亩产全株玉米 6600 千克。

四、牧草种植技术

（一）种草布局原则

大理州农田牧草种植 “五个原则”即：草畜配套、就近就便、能灌能排、规范种植、相对连片。奶牛头均农田牧草 0.8 ~ 1 亩，青贮玉米 0.95 ~ 1 亩；肉牛头均 0.5 亩，青贮玉米 0.6 亩。放牧型草地肉牛 5 ~ 8 亩 / 头，山羊 1.3 ~ 2 亩 / 只，鸡 25 ~ 50 只 / 亩。

（二）种草地选择

农田种草地应选择在土肥相对较好、能灌溉和排水、离村庄较近、管理利用方便的沙壤土或红壤土地，最好是有梯度的田间。山地种草应选择土质好、地势较平、相对潮湿、肥力较好并能灌溉的常耕地。种植紫花苜蓿要选择中性或微碱性壤土或沙壤土。四周种植水稻及其他水生植物的地块和底凹潮湿的地块不宜种植。

（三）整地测土

种草前对种草地的土壤进行采样分析测定，主要测定土壤的氮、磷、钾含量，pH 值等，根据测定结果选择牧草品种或进行土壤 pH 值调节，决定施肥的种类和施肥量。

农田和平地种草地全耕，耕深 30 厘米，碎土、挖平、开墒条播，墒宽 1.5 ~ 2 米，沟深 30 厘米。坡地可以不开垧，但必须条播。种植青贮玉米时可不开墒。田地四周开沟深 40 厘米。

改良草地根据地势可采取全耕、带状耕、挖塘等。带状耕行距 50 ~ 100 厘米，挖塘距 30 ~ 50 厘米。

（四）种植时间

一年生牧草春播（4 ~ 5 月）或秋播（9 ~ 10 月，高温气候区）。特高、邦德适宜秋播。多年生牧草夏播或秋播（6 ~ 10 月）。青贮玉米 5 ~ 6 月播种，一年两茬的应抓紧时间及时播种，第一茬在 3 月 30 日前种植，第二茬在 7 月 30 日左右播种，要注意杂草多和连续高温、干旱的情况，最好是等第一场雨后杂草萌发，雨季来临时播种。各地根据当地气候条件选择最佳播种期。

1. 施肥

根据土壤分析测定结果决定施肥种类和施肥量。一般情况下，亩施农家肥 2000 千克以上，在整地时埋入土里；钙、镁、磷肥 30 千克，播种时用作底肥一次施完。一年两茬的青贮玉米整地时，每亩施农家肥 2000 ~ 3000 千克，钙镁磷 40 ~ 50 千克，用作底肥一次施完。

2. 播种

（1）播种量。播种量根据种子发芽率、纯净度而定。种籽发芽率为 85% 以上，纯净度 96% 以上时，每亩播种量为：一年生黑麦草 1 千克，紫花苜蓿 1.1 ~ 1.5 千克，青贮玉米 3.5 ~ 4 千克，箭筈豌豆 4 ~ 6 千克。混播草种合计为 1.5 ~ 2.0 千克。

（2）播种方法。农田种草一律采取条播，行距 30 厘米，播幅 5 厘米。阴雨天播种后镇压，晴天用钉齿耙沿播种行轻挖。青贮玉米采取宽窄行条播，宽行 80 厘米，窄行 40 厘米，株距 5 厘米，呈三角形交叉点播，盖土 3 ~ 5 厘米。

改良草场沿耕带撒播、塘播，全耕整地的可以撒播。箭筈豌豆条播行距 30 ~ 40 厘米，也可在前茬作物（玉米、水稻）成熟后期套种，与麦类、蚕豆作物混播时，按 1∶1 的比例把播量减为 70%，混播方式间行条播为好。也可蚕豆种后撒播其中。

五、牧草管理

（一）灌溉及排涝

晴天播种后立即灌溉，但水不能漫过墒面，水漫墒面会冲走和移动种子，影响播种量和播种效果。出苗后灌溉可漫墒。出苗期至分（蘖）枝前特别要注意保持土壤潮湿，每隔 3 ~ 6 天灌透水一次，防止出苗后晒死。雨季要观察草地积水情况，如有积水应及时充分利用墒间沟和田地四周的排水沟排涝，避免造成弱苗或死苗。

（二）补种、除杂

苗期精细管理，发现缺苗即时补上，并进行人工清除杂害草，播种后 40 天左右，须作第一次除杂性刈割，留茬 5 厘米左右，每次刈割后须进行中耕管理。

（三）追施肥

禾本科牧草根据牧草生长情况决定施肥量，每次刈割后根据牧草生长情况和土壤肥力情况施追肥，牧草长势差时可以在刈割后第三天施尿素。施撒量为禾本科牧草：尿素 10 千克 / 亩。豆科牧草：钙镁磷 15 千克 / 亩、硫酸钾 5 千克 / 亩，撒施后灌溉，种植紫花苜蓿地追肥时禁止施氮肥，可以选择腐熟后的农家肥和有机肥。

青贮玉米苗期施尿素 35 千克 / 亩，分二次施完，第一次锄草时施 15 千克，第二次拔节培土时施 20 千克。第二茬种植时不必施底肥，苗期加大尿素用量每亩用 45 千克，第一次锄草时施 20 千克，第二次拔节培土时施 25 千克。

（四）病虫害防治

播种后和幼苗期应加强病虫害防治，对地下害虫（地老虎等），可在播种前和出苗后用低毒高效农药在太阳落山后直接施撒。

春、夏季节注意蚜虫，发病时快速强度刈割；夏季注意若发生白粉病、锈病时应紧急强度刈割或用低毒、无残留的农药进行防治。喷洒农药后 15 天禁止刈割利用。

六、收获利用

（一）刈割利用

刈割鲜饲利用：适宜收获期为株高 50 厘米时可刈割利用，留茬高度 3～5 厘米。一年生黑麦草牧第一次刈割留茬高度 5 厘米，第二次后每次刈割时留茬 2～3 厘米，严格控制牧草拔节抽穗。豆科牧草饲喂反刍动物牛、羊时，不宜空腹饲喂牧草，也不能过饱，一般为八成饱即可。

（二）晒制青干草

牧草生长旺季 4～6 月喂不完时可晒制青干草 。选择天气晴朗，光照强时收割制作青干草储备。禾本科牧草应于抽穗期刈割，豆科牧草应于初花现蕾期刈割。牧草收割之后要及时摊开晾晒，当牧草的水分降到 15% 以下应及时打捆、收储，避免淋雨。

（三）牧草青贮

在牧草生长旺季不便加工晒制青干草时，可以制作青贮饲料。

第二节　青贮饲料加工、利用

一、青贮饲料的特点

青贮饲料是将绿色植物经过发酵以后，能长期有效保存的一种青绿饲料。①青贮饲料能有效地保存青饲料的营养成分。②青贮饲料适口性好、消化率高，对一些有异味、家畜不喜食的青饲料，如洋芋茎叶、番茄叶等，经过青贮可改变异味，变成柔软、多汁、酸香、适口性好的青饲料。同时，还可提高饲料营养成分的消化率，避免家畜青饲料中毒，减少疾病。③青贮饲料久贮不坏，可调节余缺。青贮饲料制作成功可贮存较长时间，待需要时取喂。在青绿饲料丰盛时加工贮存，到缺乏青绿饲料的枯草季节时，可保证常年青绿饲料不断，调节余缺。

二、青贮方式

（一）青贮窖

青贮窖是制作青贮饲料的主要容器之一，具有使用方便、青贮成本低、保存时间长等特点。

（1）建窖地点选择：建窖地点应选择背风、向阳、干燥，排水和操作、管理方便的地点，用砖或石头、水泥建成永久窖。现代规模化养殖场的青贮窖建筑，由于贮备数量大，故提倡采用地上建筑形式，不仅有利于排水，也有利于大型机械作业。

（2）青贮窖形状：建筑一般为长方形槽状，三面为墙体，一面敞开，数个青贮窖连体，建筑结构既简单又耐用，并节省用地。

（3）青贮窖高度：小型家庭养殖窖高一般为1.5～2米，壁厚16～26厘米，窖长和宽根据地形、牲畜饲养量而定。规模养殖场青贮窖高度一般3～5米，高度不够很难达到合适的青贮饲料密度。

（4）青贮窖宽度：人工操作的青贮窖宽度以美观、操作方便而定，机械化操作最小的青贮窖宽度是青贮加工机器宽度的两倍，宽度应为4.8～6米。

（5）青贮窖长度：一般为宽度的两倍，主要根据地形确定。

（6）青贮窖壁厚：根据青贮窖容积确定，大型青贮窖0.5～1.2米，采用钢筋混凝土浇灌；中小型采用红砖支砌，双面粉刷。

（二）塑料袋及其他

青贮窖容器除青贮窖外，还可以用12丝以上的塑料袋、塑料大缸、地下土窖等作为制作青贮饲料的容器。塑料袋、地下土窖容积的大小应根据青贮量和操作实用方便而定。

（三）机械化青贮打包机制作

青贮打包机制作是将粉碎好的青贮原料用打捆机进行高密度压实打捆，然后通过裹包机用拉伸膜包裹起来，从而创造一个厌氧的发酵环境，最终完成乳酸发酵过程。

青贮打包机制作的青贮包重量大小可根据用户需要选择，一般每捆重60～300千克。打包的青贮捆具有体积小、可长期保存的特点，同时还有以下几个优点：制作不受时间、地点的限制，不受存放地点的限制；若能够在棚室内进行加工，也就不受天气的限制。与其他青贮方式相比，裹包青贮过程的封闭性比较好，通过汁液损失的营养物质也较少，而且不存在二次发酵的现象。

三、青贮原料及水分

1. 原料选择

凡是无毒、无害、新鲜、青绿的农作物秸秆（收获后的玉米秸秆、稻草、麦秆等）、全株青贮玉米、人工牧草、野生牧草、蔬菜叶、水生植物、树叶等都可以作为青贮的原料。其中，以全株青贮玉米、人工牧草、野生牧草、青绿的农作物秸秆为优。

2. 青贮原料水分控制

乳酸菌繁殖的适宜水分为60%～75%，如果水分过多，糖类被稀释，发酵延长，并且青贮原料的汁液易被压挤出来，使养分渗漏出来流失。如果水分过少，便不易压实，窖内空气难以排出，导致青贮料的腐败霉烂。所以，一般青贮料的水分宜为65%～75%，半干青贮料为50%～55%。测定青贮料的含水量可以用手挤压法，如果水分从指缝间滴出，其水分为75%～85%；松手仍呈球状，手无湿印，其水分为68%～75%；松手后球状慢慢膨胀，其水分为60%～67%。水分过高时，常用自然晾晒和添加干物质来调节水分。腊熟期的玉米秸秆，收获籽实后茎叶绿色的玉米秸秆，收获时绿色的啤饲大麦、小麦、燕麦等均在适宜的含水量范围，可以直接加工青贮。常见青饲料水分含量，见表7–1。

表7–1　常见青饲料水分含量表

饲料名称	样品说明	含水量（%）
白菜	收获期	94.5
红薯藤	霜前期	84.2
洋芋茎叶	花后期	90.0
红三叶	花期	81.5
白三叶	花期	82.5
紫花苜蓿	孕蕾期	80.5
黑麦草	拔节期	91.5
玉米茎叶	腊熟后期	73.00
青贮玉米	腊熟期	75.5

3. 青贮原料要有足够的含糖量

足够的含糖量才能保证乳酸菌的正常发酵，以生成乳酸，降低 pH 值，抑制丁酸菌的产生，并防止蛋白质降解为氨。很多的试验表明：青贮饲料质量的优劣与含糖量有着直接的关系，当可溶性糖的含量大于 2% 时，劣质青贮饲料产生的概率只有 5%，而小于 2% 时，概率有 44% 之多。所以，一般要求青贮料中含糖量要高于 3%。

不同的原料含糖量也不同，如玉米植株和高粱植株含糖量达 26.8% 和 20.6%，而苜蓿为 3.72%。含糖量高的，青贮饲料品质就好，属于易青贮类饲料；含糖量低的，青贮质量差，属于不易青贮类饲料。因此，在生产中应尽量要选择那些含糖量高的饲料来青贮或进行混合青贮。

4. 青贮饲料添加物

如果青贮纯豆科牧草、蔬菜叶等含水量高、含糖量低的原料，应添加糠麸、玉米面、糖等调节。常用的青贮饲料添加物有：糠麸 15% ~ 30%、玉米面 8% ~ 15%（或糖 0.5%）、食盐 0.5%。单一加工青贮玉米、禾本科牧草、禾本科农作物秸秆时不需添加。

四、青贮加工及装窖

将青贮原料用切碎机械切成 2 ~ 3 厘米长度（最好带搓揉、拉丝的机械），将调制好的青贮料一层一层装入窖内，每入窖 20 厘米即压实，一边装一边压紧，大型青贮壕可直接将铡草机对准青贮壕加工，同时用履带式拖拉机或其他机械压实，将青贮料高出窖面 30 厘米，堆成馒头状。

待装满压紧后，用 12 丝塑料薄膜沿青贮窖内壁覆盖青贮窖的顶部，并且用旧轮胎、沙包、土包、细沙或细土压实。尽量做到当日加工当日封窖，最迟不能超过 3 天。如青贮窖较大，3 天内不能封窖时，必须在原来加工的青贮料上面盖一层薄膜后再继续装料。

五、青贮料保管

保养期间应注意防止鼠咬及尖利物品刺破薄膜，一经发现应及时封严。青贮窖四周应开挖排水沟，青贮窖上面要建盖遮雨棚，防止雨水进入青贮窖。一般青贮 30 ~ 45 天即可开窖利用。开窖后连续取喂 。

六、青贮饲料利用

（一）青贮饲料品质鉴定

青贮料品质的优劣与青贮原料种类、刈割时期以及青贮技术等密切相关。饲用之前或在饲用之中，应当正确地评定其营养价值和发酵质量。国内外已经制定了各种青贮饲料质量的评定标准，一般包括感官评定和化学评定两部分，前者主要用于生产现场，后者需要在实验室内评定。通过品质鉴定，可以检查青贮技术是否正确，判断青贮料营养价值的高低。

1. 青贮饲料样品的采集

因青贮窖结构的不同、青贮制作过程中操作上的差异，青贮料在不同部位的质量存在一定的差别，为了准确评定青贮饲料的质量，所取的样品必须要有代表性。先清除封盖物，并除去上层发霉的青贮料；再自上而下从不同层次中分点均匀取样。采样后应马上把青贮料填好并密封，以免空气混入导致青贮料腐败。采集的样品应立即进行质量评定，也可以置于塑料袋中密闭，4℃ 冰箱保存、待测。

2. 感官评定

开启青贮容器时，根据青贮料的颜色、气味、口味、质地、结构等指标，通过感官评定其品质好坏，这种方法简便、迅速。感官鉴定标准，见表 7–2。

表 7–2　感官鉴定标准

品质等级	颜色	气味	酸味	结构
优良	青绿或黄绿色，有光泽，近于原色	芳香酒酸味，给人以好感	浓	湿润、紧密、茎叶花保持原状，容易分离
中等	黄褐或暗褐色	有刺鼻酸味，香味淡	中等	茎叶花部分保持原状。柔软、水分稍多
低劣	黑色、褐色或暗墨绿色	具特殊刺鼻腐臭味或霉味	淡	腐烂、污泥状、黏滑或干燥或黏结成块，无结构

（二）青贮饲料的饲喂

诱食。青贮饲料可以作为草食家畜牛羊的主要粗饲料，一般占饲粮干物质的 50% 以下。青贮料是一种良好的多汁饲料，但是，没有喂过青贮饲料的牲畜，开始饲喂时多数不爱吃，经过一个诱食阶段后，几乎所有的家畜都喜采食。诱食的方法是，在牲畜早上空腹时，第一次先用少量青贮饲料与少量精饲料混合，充分搅拌后饲喂，使牲畜不能挑食。经过 1～2 周不间断饲喂，多数牲畜一般都能很快习惯。然后再逐步增加饲喂量。饲喂青贮饲料最好不要间断，一方面防止窖内饲料腐烂变质，另一方面牲畜频繁变换饲料容易引起消化不良或生产不稳定。

饲喂方法。喂饲青贮料要经常注意饲料槽的清洁，喂剩下来的青贮料应立即从食槽中清除出去。饲喂过程中，如发现牲畜有腹泻现象，应减量或停喂，待恢复正常后再继续喂用。用青贮料喂饲奶牛，应在挤奶后进行，切忌在挤乳房内存放青贮料，以免损害牛乳的气味。由于青贮饲料含有大量有机酸，具有轻泻作用，因此母畜妊娠后期不宜多喂，产前 15 天停喂。劣质的青贮饲料有害畜体健康，易造成流产，不能饲喂。

饲喂量。对各类家畜喂给青贮饲料的数量，是按家畜的品种与青贮料的种类和品质而决定的，品质良好的青贮料可以多喂，但亦不能完全代替全部饲料。成年牛每 100 千克体重日喂青贮量：泌乳牛 5 千克，肥育牛 4～5 千克。

第三节　青干草加工利用

一、青干草调制目的意义

青干草是将牧草及禾谷类作物在质量和产量最好的时期刈割，经自然或人工干燥调制成长期保存的饲草。青干草可常年供家畜饲用。优质的干草颜色青绿、气味芳香、质地柔松、叶片不脱落或脱落很少，绝大部分的蛋白质和脂肪、矿物质、维生素被保存下来，是家畜冬季和早春不可少的饲草。

调制青干草方法简便、成本低，便于长期大量贮藏，在畜禽饲养上有重要作用。随着农业现代化的发展，牧草的刈割、搂草、打捆机械化，使得青干草的质量也在不断提高。

青干草是草食家畜所必备的饲草，是秸秆等不可替代的饲料种类，不同类型畜牧生产实践表明，只有优质的青干草才能保证家畜的正常生长发育，才能获得优质高产的畜产品。

二、青干草的制作方法

1. 田间干燥法

田间晒制干草可根据当地气候、牧草生长、人力及设备等条件，分别确定采用平铺晒草法、小堆晒草法或平铺小堆结合晒草法，以达到更多地保存青饲料中的养分的目的。

作物、牧草种类不同，饲草刈割期不同。一般栽培的豆科牧草在初花期刈割禾本科牧草在抽穗开花期刈割。天然牧草可在夏秋季刈割，但以夏季刈割调制的青草品质较优。人工栽培牧草应尽量实行非雨季节调制干草的方法。如农田牧草可用第一茬（5 月前）晒草，第二、三……茬（正处于 7 ~ 9 月雨季）作为青饲料用。

2. 草架干燥法

在湿润地区或多雨季节晒草，地面潮湿容易导致牧草腐烂和养分损失，故宜采用草架干燥。用草架干燥，可先在地面干燥 4 ~ 10 小时，当含水量降到 40%~ 50%时，再自下而上逐渐堆放。草架干燥方法，虽然要花费一定经费建造草架，并多耗费一定劳力，但能减少雨淋的损失，通风好，干燥快，能获得品质优良的青干草，营养损失也少。

3. 人工干燥法

人工干燥法是通过人工热源加温使饲料脱水。温度越高，干燥时间越短，效果越好。温度 150 ℃时，干燥 20 ~ 40 小时即可；温度高于 500 ℃时，6 ~ 10 小时即可。高温干燥的最大优点是，时间短，不受雨水影响，营养物质损失小，能很好地保留原料本色。但机器设备耗资巨大，一台大型烘干设备安装至利用需几百万元，且干燥过程耗资多，故应慎用。

第八章　水牛的饲养管理

第一节　犊牛的饲养管理

一、犊牛的消化特点

新生犊牛从生理角度，尤其是消化生理角度讲，与非反刍动物基本一样，除了前三胃容积小外，无咀嚼、无反刍、无唾液分泌、无瘤胃－网胃微生物发酵。新生犊牛行使消化功能是靠真胃，靠生物本能的食管沟反射。通过吮吸发射引起食管沟收缩，使食管沟闭合（但闭合不完全），使初乳或乳汁大部分绕过发育不全的瘤胃、网胃，经过食管沟直接进入真胃。只有真胃才有消化液，乳糖酶使乳汁在真胃中得以消化吸收。因此，在生产实际中，犊牛用桶喂乳，往往不如用哺乳器的好。

犊牛的唾液分泌率与瘤胃的重量有密切相关，其分泌量随年龄的增长而显著增加。早期饲喂植物性饲料时有利于咀嚼，刺激唾液的分泌。犊牛在 1～2 周龄时，几乎不进行反刍。据观察，一般 3～4 周龄时反刍才开始出现。犊牛的反刍与固体饲料进入瘤胃、网胃有重要关系，喂乳、干草、谷物或喂乳加 VFA，可使反刍提前，2～3 周龄时就发生反刍。而仅喂乳则会出现反刍延迟，一般要到 4 ~ 10 周龄时才有反刍。因此，在瘤胃没有充分发育以前，犊牛的主要营养来源是乳汁或与乳汁成分相似的犊牛代乳料。

新生犊牛缺乏胃蛋白酶、盐酸，因此当 2 日龄就饲喂人工乳（不经凝乳酶凝固）的犊牛则很容易死亡。当于 1 周龄时喂给同样的人工乳则生长正常。研究证明，犊牛在头 4 周龄时发现能产生凝乳酶，但不是所有的犊牛都能产生胃蛋白酶。当 6 ~ 8 周龄时，所有的犊牛均分泌胃蛋白酶，pH 值能影响胃蛋白酶分解蛋白质的效率，年幼犊牛胃中的 pH 值较高。

二、犊牛的饲养

要提高养牛的经济效益，犊牛的饲养管理至关重要，为提高犊牛的成活率，最关键的两点是：必须尽快使犊牛吃上优质初乳和提早开食。同时，做好怀孕母牛后期的饲养管理也是获得健康犊牛的前提。

（一）犊牛的饲养

1. 初乳期

母水牛分娩后 7 天内所分泌的乳称为初乳。犊牛生后 1 小时内（自然或人工哺乳）应吃到初乳，初乳的喂量可根据犊牛体重的大小和健康状况而定，一般第一次喂量应尽可能让其吃饱、吃足，约 1.5 ~ 2 千克。日喂量可高于常乳，为犊牛体重的 1/6 ~ 1/8，分 2 ~ 3 次喂，对体弱的犊牛要求日喂 3 次。喂初乳的温度要严格掌握，与母水牛体温一致，为 39℃。我国南方炎热季节，挤下的初乳基本能达到要求，不需任何处理即可喂牛。但在冬春季节气温低或由于挤奶原因，初乳的温度低于 35℃时，应用水浴锅加温至 39℃，切忌加温过高。

2. 初乳的特殊作用

（1）初乳除了含有极高的营养价值外，还为新生犊牛提供母源抗体，以防多种感染，这些感染可导致犊牛腹泻甚至死亡。

（2）初生犊牛由于胃肠黏膜尚未健全，对细菌的抵抗力很弱，而初乳中的特殊功能就是能覆盖在胃肠壁上，可阻止部分有害细菌的侵袭。

（3）初乳中含有溶菌酶和免疫球蛋白，能杀死多种致病微生物和抑制某些病原菌的活动。

（4）初乳的酸度高（45 ~ 50° T），可使胃液变成酸性，不利于有害微生物的繁衍，但有利于激活真胃消化酶的活性，促使胃肠功能早日完善。

（5）初乳中含有丰富的镁盐，有轻泻作用，可促进胎粪排出。

（6）初乳中含有丰富而易消化的养分。

因此，犊牛出生后要求尽早喂给初乳。

3. 常乳期

常乳是指泌乳期第 7 天以后至干奶前所产的奶。犊牛结束初乳期后即转入常乳期，常乳采用奶壶或小奶桶进行人工哺乳。母犊哺乳期 3 个月，种用公犊哺乳期 4 个月，哺乳量 3.5 千克 /（天 · 头），分上、下午喂给，乳温 37 ~ 39℃。哺乳用具用后要洗净消毒，保证卫生。

4. 饲喂代乳品

优质代乳品可在初乳期过后立即进行。若犊牛体况不好，可暂缓进行。代乳品的使用应参考全乳喂量及产品说明。

5. 饮水

犊牛初乳期后即可在运动场及栏内放置清洁饮水，任其自由饮用。

6. 早期补料

犊牛在生后 15 ~ 20 日龄应调教采食犊牛料及青干草，两种饲料分开放置，任其自由采食。犊牛精料含蛋白质不少于 16% ~ 18%，4 周龄起可喂给多汁粗料。断奶后精料给量为 1.5 ~ 2 千克 /（天 · 头）。

（二）犊牛饲喂中应掌握的要点

为了减少犊牛哺乳期的患病和死亡，保证犊牛的正常消化机能和健康成长，应掌握如下饲喂技术：

（1）定时：每天喂奶时间要固定，使犊牛的消化器官形成一定规律的活动，产生良好的条件发射，对于保持犊牛正常消化机能很有好处。

（2）定量：按犊牛正常发育的需要固定奶量，一时增加奶量容易造成消化不良，导致消化系统疾病的发生，而突然减少奶量又会使犊牛产生饥饿不安，影响犊牛的正常发育。

（3）定温：每次喂奶时要保持 37 ~ 39℃的奶温，如奶温过低，在胃内不能充分凝固，易引起消化机能紊乱，发生下痢。而奶温过高，易损伤犊牛口腔及胃黏膜，发生犊牛拒绝哺乳或消化障碍。牛奶加温可用水浴法，也可用开水兑入牛奶中一起喂给。后期奶温可逐渐降低，但不能低于 30℃。

（4）控制犊牛饮乳速度：不要使其饮乳过急，否则会使部分奶汁流入瘤胃和网胃，从而引起犊牛消化不良，瘤胃胀气。

（5）保证供给充足的饮水：20 日龄时应在犊牛栏内用铁桶或水槽装有清洁的水，以便犊牛能随时饮用，尤其在炎热的天气更为重要。

（6）防止犊牛缺铁：由于牛奶中铁的含量较低，随着犊牛日龄的增长及生长发育，乳中的铁远不能满足机体的需要，如果不及时补充，就会造成犊牛贫血、抵抗力下降、下痢等。因此，犊牛后 15 日内应补充二价铁，即配成 0.5% 硫酸亚铁溶液，每次兑入牛奶中 5～10 毫升喂给，也有的场所用牲血素，生后 3～5 天内，于颈部肌肉一次性注射 10 毫升，可获得良好的效果。

（三）犊牛的早期补料

随着犊牛出生后日龄的增长，体重不断增加，按日喂奶量的营养已不能满足生长的需要，如果用增加喂奶量来达到要求是不经济的。因此，补充营养的办法就是给犊牛早期补料，可促进胃的发育，完善瘤胃的机能，达到犊牛健康快长的目的。犊牛的早期补料如下：

（1）干草：自出生后 20 天开始，在犊牛栏的草架内添加青干草，任其自由采食咀嚼，这对促进消化液的分泌和瘤胃早期发育是非常有益的。

（2）精料：生后 15 天开始训练犊牛吃精料，有的用玉米、小麦、豆饼等精料磨成粉，并加入少量鱼粉、骨粉和食盐混合，开水冲兑成糊状，混入牛奶中喂给。但大多数水牛场是从 15 天开始将混合精料放在食槽内，让其自由舔食，最好是将精料与啤酒糟混合，有酒香味可诱导犊牛舔食。到一月龄后，犊牛每头每天可采食精料 250～300 克，2 月龄时每天可吃到 0.5 千克，3 月龄时可采食到 1 千克以上的混合精料。当日采食量达到 1.5 千克时即断奶，说明犊牛完全可以不依赖牛奶，而靠采食混合精料就可获得足够的营养。

（3）青草或多汁饲料：一般在犊牛出生后 20 天就要补给细嫩青草或多汁饲料，并将它们放于另一食槽，让其自由采食。但每次给量不宜太多，以少量为适，以至不会影响对精料的采食量。

三、犊牛的管理

（1）初生犊牛的处理：犊牛出生后先清除口、鼻黏液，剥软蹄，用碘酒消毒脐带，然后进行称重、编号，记录后再移入犊牛栏人工哺乳。犊牛生后 5 天可并栏集中管理，有条件最好单栏饲养。

（2）栏舍卫生：犊牛舍要通风良好，保持干燥，牛栏每天打扫，定期消毒。

（3）运动与放牧：犊牛从出生后 5 日龄始，即可在舍外运动场做自由运动，

20日龄起可跟群放牧，运动量逐步增大，夏天中午应赶至阴凉处或水塘泡水。

（4）人工哺乳犊牛的管理：喂乳时应用颈枷加以固定，喂完后擦掉其嘴边的残乳，并继续在颈枷上夹约10～15分钟，待吸乳反射兴奋下降后再放开，任其自由活动。

（5）疾病预防：按兽医防疫规程，做好疫苗接种和驱虫工作，平时做好兽医日记。每日兽医及饲养人员要观察牛只食欲、精神状态及粪便情况，做到犊牛有病早发现、早治疗。

（6）定位与刷试：犊牛在哺乳期及断奶后的饲喂过程中均应进行定位调教，使之养成进栏采食的良好习惯，同时也方便每天给犊牛刷试或洗澡，做到人畜亲和，便于以后管理。

（7）称重测量：按育种规定测量断奶重，称重测量3、6月龄体尺体重。

第二节　育成水牛的饲养管理

一、育成水牛的饲养

（一）育成水牛的营养需要

断奶后6月龄至2岁正在生长发育的水牛称为育成水牛。育成水牛正处于生长发育较快的阶段，一般到24月龄时，其体重达到成年水牛的70%以上。水牛育成阶段生长发育是否正常，直接关系到牛群的质量。但这个阶段的水牛，尤其是母水牛，既不产乳，初期又未怀孕，也不像犊牛期那样体弱多病，因此往往被忽视，在饲养管理上非常粗放，造成多数营养不良，以致达不到培育的预期要求，甚至影响终身的生产性能和成年时的体重，故必须引起足够的重视。

1. 从6月龄到配种、怀孕前的营养需要

在这阶段中，主要是体重的增加和骨骼发育显著，研究证明，从机体整个物质结构比例上看，蛋白质和灰分相对变化不大，而体重的增加主要是体脂增加，骨骼的主要成分钙、磷占干物质的12%以上。因此，在这个时期的营养、能量和矿物质必须充足，并且蛋白质保持在相对稳定的水平上。

1岁以前的育成水牛是水牛生理上生长速度最高的阶段，在良好的条件下，日增重高达0.54千克，其要求干物质采食量达体重的4.5%、CP 550千克、奶牛能量单位11个。必须利用此时期能较多利用粗饲料的特点，尽可能利用一些青

粗料。在初期，由于瘤胃容积有限，未能保证采食足够的青料来满足水牛生长发育的需要，因此在1岁以内的后备水牛仍需喂给适量的混合精料。至于精料的多少，精料中含能量和蛋白质水平，可视青粗料的质量和采食量的多少而定。

2. 育成水牛对青粗料类型和蛋白质的大致要求（表8-1）

表8-1　青粗料类型和精料中蛋白质含量

青粗料类型	精料中蛋白质含量（%）
豆科	8～1
禾本科	10～12
青贮	12～14

可见，青粗料的质量好，其蛋白质含量就高，而精料中蛋白质的含量就可以降低，也能满足育成水牛的营养需求。一般情况下，精料的用量约为1.5～2.5千克，干草2千克，青贮8千克。

对于公牛的培育，从小就应控制青粗料的喂量，精料应适当增加以提高营养，防止过多采食青粗料而造成“草腹”。

至于具体的青粗料的给予量，其干物质约为体重的1.2%～2.5%，此期可适量给予青贮之类的多汁料替代干草，其替代比例视青贮料的含水量而定。水分为80%以上的青贮料，青贮∶干草的比例为（4～5）∶1；水分为70%的青贮料，青贮∶干草的比例为3∶1。但在早期不可能喂给过多的青贮料，因为过多会使牛胃容积不足，可能影响生长。

（1）1岁以上至初次配种的饲养：此时的育成母牛消化器官的发育已接近成熟，消化粗纤维能力较强，同时又无妊娠或产奶的负担，只要能给予足够的优质青粗饲料就能满足营养需要。在夏天青草茂盛的季节，靠放牧就能吃饱，无须补充精料，水牛能生长良好。就是在冬季舍饲，也应该以粗料为主，尽量把瘤胃容积扩大，为日后的妊娠和泌乳能采食更多的青粗料打下良好的基础。一般每日应有1.5～3千克精料，同时供给食盐、钙、磷和微量元素，以利于更好的生长发育。

（2）育成母牛由受胎至第一次产犊牛的饲养：当育成水牛受胎后，一般情况下仍按育成水牛饲养，只要在怀孕后期的2～3个月（即怀孕第8、9、10周）才需要增加营养。原因如下：①胎儿增大最快。②为泌乳做准备。③本身继续生长发育也需要增加营养，尤其是维生素A和钙、磷的贮备。为此，在这个时间里应给予足够的优良的青粗料，精料的喂量比前期增加 30% ~ 40%，达 3 ~ 5 千克，膘情达中上水平为宜，切忌过肥。

（二）育成水牛的放牧饲养

在犊牛时期经过放牧训练，并已养成习惯的育成水牛，可分群放牧。如果不是这样，开始时应采取适应性训练，先到附近较平的牧地熟悉环境，放牧时间从少到多，距离慢慢加大，约 7 ~ 10 天，育成水牛便能安静地在牧地采食，结群而不乱跑。

采取放牧饲养的方式，不仅可以少喂精料、节约成本，更重要的是可以锻炼肢蹄、增进消化，从而培育出适应性强的成年水牛。除放牧采食外，每头还需 1 ~ 1.5 千克的混合精饲料，夜间喂一些青草和干草。1 岁以上的育成水牛，瘤胃发育完善，能大量采食青、粗饲料，约占体重的 10%，如果青草质量好，可不补喂精饲料，但仍需补充食盐、骨粉或矿物质舔砖，任其自由舔食。如果终年全天候放牧，炎夏应放早晚牧，避开中午高温时间，可泡水或赶至树荫下。冬季气温较低，应于太阳升起后出牧至下午太阳快落山时回牧，减少体能消耗。

二、育成水牛的管理

（一）公母水牛分群

公母牛合群饲养时间以 18 月龄为限，此后应分开饲养，防止早配、乱配。

（二）穿鼻

公水牛 18 月龄，最迟不超过 24 月龄就应当穿鼻，并带上鼻环，鼻环应以不易生锈且坚固耐用的金属制成。第一次锁鼻环较小，待成年后再换成大的鼻环。带好鼻环的公水牛于一个月左右可慢慢做牵遛运动，使其习惯用鼻环控制的生活。经一段时间，能自如地按饲养人员指令行动，否则仅穿鼻带环仍达不到控制的目的。

（三）定位、刷试、按摩

进入育成牛舍后应定位饲养，炎热季节用水冲洗，每天刷试 1 ~ 2 次，并且按摩怀孕母牛的乳房，每天 1 ~ 2 次，每次 5 ~ 10 分钟，至产前半个月停止。

（四）放牧与运动

育成牛放牧时间要长，每天不低于 5 小时，牧地应有水塘，供其泡水、打滚。

（五）育成母牛的配种

育成牛的适配月龄为 22 ~ 26 月龄，体重 300 ~ 350 千克。从广西水牛研究所几十年的生产资料来看，初产年龄为950～1000天，即初次配种为850～890天最为理想。这样的母水牛终生产奶量最好，经济效益最高。

（六）定期测量

育成牛应于18月龄、24月龄称测体尺体重，记录档案。

（七）接种与驱虫

坚持按规定进行疫苗接种及体内驱虫。此外，防止育成牛进行格斗、奔跑和激烈的旋转运动，因为滑倒易引起骨折或流产。

第三节　成年母水牛的饲养管理

一、妊娠母水牛的饲养管理

妊娠母水牛饲养管理好坏，直接关系到牛群的发展，对于奶用水牛来说，不但影响犊牛的质量，更重要的是直接影响到母水牛的产奶水平。

（一）妊娠母水牛的饲养

妊娠母水牛由于胎儿的发育与增重在整个怀孕期不同阶段的变化，对营养物质的要求也有明显的变化，一般分为三个阶段，即前、中、后。

1. 妊娠前期的饲养

前期是指妊娠开始至3个月。这时的胚胎很小，但处于高度分化的阶段，是胚胎发育的关键时期，要求的营养物质是质而不是量。在大多情况下，不需特别增加，只要按平时的饲养既可。如在泌乳期，就按泌乳水牛的营养水平，如果是空怀期，就按空怀的需要。

如果营养不全或缺乏，往往引起胚胎死亡或先天性畸形，蛋白质和维生素不足可引起早期死胎。

2. 妊娠中期的饲养

中期是指怀孕4～7个月这段时间。此时胎儿明显增大，但相对重量也约为出生时的25%左右。这段时间母水牛已度过了妊娠应激反应，由于甲状腺和脑下垂体的活动增强，使母水牛新陈代谢旺盛、物质代谢和能量代谢增强、对饲料的利用率提高、蛋白质的合成能力增强。故在实际饲养工作中，要充分利用妊娠期这些特点，充分给予青粗饲料，将精料用量减少到最低限度。日粮蛋白质水平应维持在原来所处的水平，即应为泌乳或干乳的水平。但日粮中其他各种营养物质要求平衡、全价，矿物质尤其是钙、磷要注意补充，特别是在妊娠 5 个月后，胎儿营养的积累逐渐加快。

3. 妊娠后期的饲养

后期是指怀孕 8 个月至出生（10 ~ 11 月）。此期占整个妊娠期的约 1/4 多，犊牛增重的 70%、母水牛增重的 20% 几乎都在这段时间内完成，是获得体大健壮初生犊牛和良好泌乳机能的重要时期。这段时间必须给予充分的饲养，以保证其各方面增重的营养需要，俗称“攻胎”就是这个意思。根据母水牛总体重的增加，胎儿产热较多，能量代谢一般提高 30% ~ 50%，所以后期的维持饲养要比空怀母水牛提高 50%，日粮蛋白质水平为 11%~ 12%，产奶净能为 50 ~ 60 兆焦耳，钙、磷比中期增加，分别为 60 克和 30 克。如在枯草季节，还应增加维生素 A 4000 IU，日采食干物质要求达到：育成母水牛体重的 2.5%、成年母水牛的 2.0%。

这时营养不全和缺乏，会导致胎儿生长缓慢、活力不足，同时也影响到母水牛的健康和生产。如果是乳用水牛，不可能获得较高的泌乳水平，故此期的母水牛饲养是否恰当，对生产有着重要的意义。

4. 干奶期的意义和干奶方法

（1）干奶期的意义

泌乳水牛在下一次产犊前有一段停止泌乳的时间，称为干奶期，一般为 60 天。为了乳腺组织的再生，体内能量、蛋白质、矿物质的维持和蓄积，至少要保证 6 周的干乳期。干乳期是胎儿迅速生长发育需要较多营养的阶段，也是进一步改善母水牛营养状况，为下一个泌乳期能更好、更持久地生产准备必要的条件。同时，在干乳期乳腺分泌活动停止，分泌上皮细胞得以更新，是下一个泌乳期能正常分泌的必要准备阶段。科学实验和生产实践都证明，干乳期过长或过短都会影响到下个泌乳期高峰产奶量和泌乳期产奶量，如果由于种种原因不进行干乳，下个泌乳期产奶量比上个泌乳期产奶量要下降 20% ~ 30%。犊牛初生重也下降。这充分证明了适当的干乳期在提高生产上的重要意义。

（2）干奶方法

干乳方法有逐渐停奶法和快速停奶法两种。由于水牛的泌乳生理特点和妊娠期内的分泌作用，除了少数高产水牛外，一般泌乳至 7 个月以后，下午挤奶时母水牛往往出现排乳抑制的现象，不让挤奶员挤奶，左右摆动或蹴蹄，此时被迫停止，每日只挤一次。加上水牛产后配种超过 120 天，泌乳期延长，到时日产奶量只有 3 千克以下。因此，水牛很少采用快速停奶。这时从每天一次挤奶改为隔日一次挤奶或两日一次挤奶，同时减少饮水和多汁料约 10 天，泌乳自然停止。

快速停奶在水牛中应用不多，只是用于高产奶水牛，即在确定停奶日，认真按摩乳房，将奶挤净，用盛 5% 碘酒的杯子浸一浸乳头，用金霉素眼膏将每个乳头注入一支，然后用火棉胶封闭乳头孔，以后不再动乳房，但要注意乳房的变化。乳房最初可能继续充肿，只要它不出现红肿、疼痛、发热等不良现象，就不必管它。经 3 ~ 5 天后，乳房内积奶逐渐被吸收，10 天左右乳房收缩、松软，处于休止状态，停奶工作即安全结束。但对于有乳房炎病史或正患乳房炎的母水牛不适宜用此法。

（3）干奶期的饲养技术

干奶水牛的营养需要远远低于泌乳水牛，干奶期营养过剩和失衡比营养不足的后果更为严重。干奶水牛的营养需要，在体重相同的情况下，与日产奶 7.5 千克的泌乳牛相比，粗蛋白质相当于 50%，能量、钙、磷相当于 50% ~ 60%，从表 8–2 可见干奶水牛与泌乳水牛营养需要的差异很大。

表 8–2　体重 600 千克的奶水牛每日营养需要

营养	干奶	日产 7.5 千克奶
蛋白质（克）	898	1734
TDN（克）	5497	8335
净能（兆焦耳）	55.6	81.7
钙（克）	31	59
磷（克）	27	45

干奶水牛每日的干物质采食量约相当于体重的 2%，其主要营养指标如下：粗蛋白质：11.0%；净能 4.6 ~ 5.5 兆焦耳 / 千克；钙：0.4 ~ 0.8 千克；磷：0.3 ~ 0.4 千克。

干奶前要限制精料喂量而降低能量水平，在泌乳期结束即将干奶时，通过检查体重、体质状况鉴定其体重维持和营养蓄积情况。从饲料转化效率看，泌乳末期转化率高于干乳期。这就是说，应该在泌乳末期就将其体重、体质调整到分娩前的要求。靠干奶期增加体重的方法，不但不经济，还会给下一个泌乳期带来许多麻烦，这一点很重要但又易被忽视。

（二）妊娠期的管理

（1）注意放牧安全，特别在后期，防止跳过沟渠，出牧、收牧严禁用力驱赶和打冷鞭。

（2）出入牛舍动作要慢，防止滑倒和急转弯。在运动场的妊娠母水牛防止打斗，特别是新转群的育成妊娠母水牛，由于水牛的群居等级行为关系和欺生性，头1~2天有被其他水牛追踪、抵撞的危险，这时应特别注意，避免造成流产。

（3）加强畜体卫生。母水牛在妊娠期中，皮肤代谢旺盛，易生皮。因此，每天应该加强刷试、沐浴或泡水，以促进血液循环和使水牛更加驯服易管。同时，注意乳房卫生，保持清洁干净，防止撞伤乳房或乳头。

（4）注意饲养卫生。不喂脏水，不喂腐败、发霉的饲料，以免发生胃肠疾病和引起流产。

（5）加强初产母水牛的乳房按摩。初产母水牛在妊娠后期，饲养员应更多地接触乳房、乳头，以便产后易挤奶操作。生产实践表明，进行乳房按摩的时间应提早进行，有人认为在育成母水牛配种受孕后即开始，每天施以5~10分钟乳房按摩，这样能促进乳腺生长发育，提高其分娩后的产奶量，且水牛更温驯，更易于调教、挤奶。

（6）进入干奶期后，水牛由于营养需要的显著差异，应该与泌乳水牛分开，单独建群饲养，让其自由活动，并喂给它们专门配制的日粮。

二、围产期饲养管理

（一）围产前期饲养技术

1. 围产前期（干奶后期）的营养需要

干奶期的营养需要量比泌乳牛低得多，与产奶末期的牛相比，粗蛋白质只需60%~65%，奶牛能量单位只需65%~70%。而围产前期的营养需要量居于两者之间。这是因为胎儿发育的速度加快，母水牛本身在为下一个胎次的分娩、泌乳做生理上的准备，需要更多的营养。围产前期的营养需求，见表8–3。

表8–3 围产前期的营养需求

营养	含量
DM（干物质）	母水牛体重的2.0%
奶牛单位（千克DM）	2~2.3
蛋白质（%）	11
钙（克）	40~50
磷（克）	30~40

2. 围产前期的日粮配合

（1）分娩前的母水牛既要保持较好的膘情，又要避免过肥。所以，要适当比干奶期前一阶段多喂些精料，并且控制在相对较低的水平。日粮精粗比由干乳前期的 25∶75 提高到 30∶70，一般精料喂给量控制在体重的 0.5%～1%，大约为泌乳盛期给量的 1/3。围产期适当增加精料，可以为瘤胃微生物适应产后大量采食精料打下基础，但喂精料过多又将导致产后食欲减弱，因此必须掌握比干奶前期稍高的相对低水平。

（2）粗饲料以优质青草为主，另外，青贮饲料要控制在 10 千克以内，过多会导致过肥。在此期间还可喂少量啤酒糟和块根类饲料，但每头原则上不超过 5 千克。

（3）矿物质、维生素类饲料。除按量给予补充钙、磷需要外，还可添加适量的维生素 A、维生素 D、维生素 E。对于冬季饲喂青贮料多的牛群，补充维生素 A 是十分必要的，因为青贮饲料中缺乏维生素 A。为了降低母水牛产后胎衣滞留病的发生率，在围产期注射硒和维生素 E 可获得满意的效果。硒和维生素 E 能参与子宫平滑肌的代谢活动，正确补给可降低胎衣不下的发病率。

（4）日粮配方和营养水平

①日粮配方（体重 550 千克）：玉米 1.25 千克、牧草（苜蓿、黑麦草、皇竹草）30 千克、麦麸 0.7 千克、菜籽饼 0.51 千克、啤酒糟 5 千克、矿物质 0.25 千克、稻草 3 千克。

②估计营养水平：干物质 11.4 克、粗蛋白质 1192 克、奶牛能量单位 20.5 克、钙为 60 克、磷为 40 克、日粮蛋白质浓度为 10%。

（二）分娩期饲养技术

分娩期一般指母水牛分娩到产后 4 天，也属于围产后期的一部分。因为这段时间奶水牛经历妊娠至产犊到泌乳的生理变化过程，在饲养管理上有特殊性，所以单独论述。

1. 临产前的观察和护理

随着胎儿的逐步发育成熟和产前的临近，母水牛在临产前发生一系列变化。为保证安全接产，必须安排有经验的饲养人员昼夜值班，注意观察母水牛如下的临床症状：

（1）观察乳房变化：产前约半个月乳房开始膨大，一般在产前几天可以从乳头挤出黏稠、浅黄色液体。当能挤出乳黄色初乳时，分娩可在 1～2 天内发生。

（2）观察阴门分泌物：妊娠后期阴唇肿胀，封闭子宫颈的黏液栓塞溶化，如发现透明索状物从阴门流出，则 1 ~ 2 天内将分娩。

（3）观察尾根是否塌陷：妊娠末期，骨盆部韧带软化，没有塌陷现象。在分娩前一两天，骨盆韧带充分软化，尾部两侧肌肉明显塌陷，俗称“塌沿”，这是临产前的主要症状。

（4）观察宫缩：临产前，子宫肌肉开始扩张，继而出现宫缩，母水牛起卧不安，频频排出粪尿，不时回头，说明产期即至。

观察到上述情况后应停止放牧，夜晚不放出运动场，拴于栏舍内，有条件的应立即将母水牛拴入产房，并铺垫清洁、干燥、柔软的褥草，做好接产准备。

2. 分娩后的护理与饲养

（1）分娩后的护理

①喂给母水牛温热、足量的麸皮盐水（麸皮 1 ~ 2 千克，盐 100 ~ 150 克），可起到暖腹、充饥、增加腹压的作用。同时喂给母水牛优质、柔软的干草 1 ~ 2 千克。

②产犊的最初几天，母水牛乳房内血液循环及乳腺细胞活动的控制与调节均未正常，故此时绝对不能将乳汁全部挤净，否则会使乳房内压显著降低，微血管渗出现象加剧，诱发高产奶牛产后瘫痪。一般产后第一天每次只挤 2 千克左右，够犊牛哺乳量即可，第二天每次挤泌乳量的三分之一，第三天挤一半，第四天后可以全部挤净。

③分娩后乳房水肿严重，要加强乳房的热敷和按摩，每次挤奶热敷按摩 5 ~ 10 分钟，促进乳房消肿。

（2）分娩期饲养

分娩初期，为减轻母水牛乳腺机能的活动，照顾产后消化机能较弱的特点，1 ~ 3 天内应以喂给优质干草为主，辅给麸皮粥、玉米粉 1 ~ 1.5 千克的精料；至产后第七天，日粮可达到泌乳水牛应该给的饲料水平；产后 1 ~ 5 天应该饮温水，水温 30 ~ 35℃，以后逐渐降至常温。

三、围产后期的饲养技术

1. 围产后期的营养需要

围产后期，特别是产后 8 ~ 15 天，母水牛的营养需要高于围产前期，且随着泌乳量上升，需要量日趋增加。

围产后期的营养总量低于围产前期，是因为产后 5、6 天内只给予保护性饲喂的缘故。产后 7 ~ 15 天，各种物质营养需要量明显增加，蛋白质比围产前期提高 20%，NND 提高 27%，饲料摄取量大致为：干物质采食量占母水牛体重的 2.5% ~ 3%，蛋白质 11% ~ 12%，钙 135 ~ 150 克，磷 80 ~ 100 克。

2. 围产后期的日粮配合

围产后期是指产后 7 ~ 15 天，其日粮配合遵循如下原则：

（1）精饲料逐日增加，在 7 ~ 10 天时达到标准量，日采食干物质量中精料比例达 45% ~ 50%，精料中饼类饲料应占 20% ~ 25%。增喂精饲料是为了满足产后日益增多的泌乳需要，同时尽早给妊娠、分娩期间出现负的平衡以补偿。日粮能量不足会导致能量收支的极不平衡，过度动用体脂势必影响牛体健康，影响泌乳性能的发挥。所以，要在产后尽早喂给含能量高的精饲料。日粮中蛋白质水平也不能太低，太低会影响体脂肪转化成牛奶的效率，故应保持较高水平，一般谷物与饼类配合比例为（70% ~ 80%）:（30% ~ 20%）。

（2）围产后期精饲料喂量由开始的优质干草为主，逐步增喂玉米、青贮、象草、啤酒渣。从第七天开始，可以补给些块根类、糟渣类饲料，以增加日粮的适口性和日粮浓度；至产后 15 天，象草达 15 千克，菠萝皮达 10 千克，啤酒渣 10 千克，稻草（干草）2 ~ 3 千克。

（3）产后 15 天内，营养处于负平衡状态，体内的钙、磷也处于负平衡状态，如日粮中缺少钙、磷，可能患软骨症、肢蹄症等，使产奶量降低。为保证牛体健康和产奶，母水牛产后需喂给充足的钙、磷和维生素 D，如矿物质添加剂之类。分娩 10 天后，每头每天钙、磷喂量不低于 150 克和 100 克。

四、泌乳水牛的饲养管理

水牛产奶的高低，首先取决于品种的优劣，如果有了良种而无良法，即不注重饲养管理，也是很难获得高产奶量及经济效益。提高乳水牛的产奶量，应以合理、先进的饲养技术为基础，并注重从妊娠干奶及围产前期 5 天开始，直至围产后期的第 15 天以后，水牛即进入正常的泌乳至干奶的整个时期。处于泌乳期的母水牛，饲养管理可直接影响本胎次产奶量和发情配种，并对以后胎次产奶量和配种均产生影响。因此，必须高度重视此阶段的饲养管理。根据母水牛泌乳特点，泌乳期可分为泌乳前期和泌乳后期两个阶段，两个阶段各有特点，要求采取相应的饲养措施，即阶段饲养法，才能获得高的泌乳期产奶量。

（一）泌乳母水牛的饲养

1. 泌乳前期的饲养

泌乳前期是指产后 15 天开始到出现泌乳高峰日或高峰月的这段时间，约 60 ~ 70 天。这个时期又称泌乳盛期。

（1）泌乳前期的营养需要

产后 2 ~ 3 周，子宫内恶露排尽，乳房水肿消失，机能恢复，流经乳腺的血液增加，开始进入泌乳盛期。一般情况下，最高日产常出现在产后的 44.7 天 ± 15 天（广西水牛研究所资料），即第二个泌乳期以内。该期饲养以提高泌乳水牛采食量为中心，并根据该期生理特点，饲料调制上应注意日粮营养浓度和适口性，要求消化总养分达 63% ~ 67%，每千克干物质含能量 2.4 NND。为保证母水牛旺盛的食欲，粗饲料占整个饲料的比重不低于 60%，粗纤维供应为 18% ~ 24%，太低、太高均对消化不利。为了避免组织损伤，应提高日粮能量和蛋白质水平。因此，要求日粮粗蛋白质达 15%，粗脂肪 20%，钙 0.6%，磷 0.45%，钙、磷比例应为（1.5 ~ 2）: 1。盐 0.5% ~ 1%，另外可设矿物质盐舔砖，让其自由舔食，精粗比例为（30 ~ 40）:（70 ~ 60），干物质采食量应达到 3% 左右。

（2）饲喂技术

为了尽可能地发挥母水牛的泌乳潜力，创造高的泌乳高峰产奶量，在饲喂技术上要抓住泌乳盛期泌乳量不断上升的特点，一般第 3 ~ 5 周才能达到高峰。因此，在实际工作中，于产后上升阶段就喂给比产奶需要高出 1.5 ~ 2.5 千克奶的混合精料。这部分多出的饲料称增乳饲料或预付饲料，以补充泌乳营养需要，促使产奶潜力发挥，还可避免体内积贮的消耗。只要母水牛产奶量随饲料的增加而继续上升，就应该继续增加，即使加料至与产奶量基本相适应时，仍可继续增加 0.5 ~ 1 千克增乳饲料，并维持一定时间，待产乳盛期过后，才按产奶量来调整精料喂量。但应注意减料要比加料慢些，切忌一次减料到位。

水牛泌乳高峰阶段的饲养，也可采用“交替饲养法”，具体做法：待产后第 3 周开始给予适量精料、多汁料和干草，保持 1 周，第 4 周开始减少精料 50% ~ 60%，多汁饲料和干草各增加 40% ~ 50%，维持 1 周，产奶量尚未下降，第 5 周开始增加精料，在 2 ~ 3 天内增加到第 3 周时的 150%，产奶量又有所增加，然后逐渐减少精料，在 1 周内下降 50%，多汁饲料和干草增加到第 3 周时的 180%，1 周后精料又逐渐增加到第 3 周时的 160% ~ 180%，重复以上精粗料交替比例，直至产奶高峰阶段完成或泌乳后期。

饲喂上应采取先粗后精、多种搭配、少喂勤添和区别对待的饲喂方法，此时喂给优质易消化的多汁饲料，不但可以获得高的泌乳高峰产奶量，而且可维持相当长的高峰产奶时间。

2. 泌乳中后期的饲养

（1）泌乳中后期的营养需要

高峰泌乳期过后至干乳前，统称泌乳后期，此期特点是泌乳量逐渐下降。尽管如此，仍不能放松饲养，更要注意日粮配合和适口性，注意青粗饲料质量，保持母水牛食欲旺盛和健康，争取奶量尽可能平稳地下降是夺取高产稳产的重要措施。从第 3 个月开始，一般水牛日产奶量为 8 ~ 9 千克，因此，要求日粮粗蛋白质 12% ~ 13% 即可，如果日粮粗蛋白质低于 12%，会使产奶量下降，而且泌乳持续性也差，泌乳曲线下降也快。这阶段主要是以含能量较丰富的饲料，要求每千克饲料中含 2.0 NND，干物质采食量应达体重的 2.5% 左右，精粗比可从 30 : 70 降至 20 : 80。

（2）饲养技术

这阶段应按母水牛体况和产奶量进行合理的饲养，一般每周或每两周根据母水牛产奶量的变化来调整混合精料的喂量。凡是早期体重消耗过大或瘦弱的，应当多喂一些，要超过维持和产奶量的营养需要，使母水牛体质较快的复原，这样对于母水牛健康、繁殖和维持较高的日产奶量都有好处。为了达到最大的采食量，饲喂技术上可采用非限制饲喂，青粗饲料可放在运动场内，让其自由采食。另外，最好采用分群饲养，将高产水牛和低产水牛、干奶水牛分为两类或三类，分别对待，避免高产奶牛出现营养不足，而低产奶牛则由于营养过剩，沉积脂肪，对干奶牛群则应该多给予能量日粮。

（二）泌乳母水牛的管理

1. 泌乳母水牛的调教

①初产母水牛定位调教：在青年母水牛进入怀孕后就要调到成年母水牛舍，固定 1 周在自己的床位内，不放牧，也不放出运动场，让其熟悉环境。1 周后可放出运动场和牧地，每日随挤奶母水牛出入牛舍 2 次，起初还有入错床位的时候，通过饲养员细心驱赶，一般再通过 1 周的训练，大部分牛只会自觉回到自己的床位，调教即算完成。

②初产母水牛的挤奶调教：当初产牛分娩后就要训练调教挤奶，因为水牛的驯化时间短，不愿接受人工挤奶。当人去触摸乳房时，就会乱蹦、乱跳、乱踢，

不放奶（排乳抑制）。因此，初产水牛挤奶调教是水牛能否挤奶的基础，调教的好坏不但影响本胎次的产奶量，而且还对以后的泌乳期产奶量产生影响。

2. 清洁卫生

清洁卫生对于泌乳母水牛非常重要，从饲料到畜体、乳房，每个环节都影响着牛体的健康。

①饲料：饲养人员每天要检查饲喂的精、粗饲料是否有霉烂、粪便污染，对于工业副产品要注意铁钉、铁丝、铁螺帽和石头之类，发现要及时捡出。如果将这些东西吃入，对牛只将是非常危险的。

②畜体：保持畜体卫生，要求每天给畜体刷试、沐浴或泡水，以清除身上的粪污、皮屑，增加血液循环，使牛只感到舒服，同时还可以除去体表的寄生虫。每天在清洗畜体时要细心冲洗乳房，挤奶前用温水洗，挤奶后用消毒液浸泡乳房乳头，防止乳房炎的发生。

③畜舍卫生：每天在饲喂或挤完奶后应清扫、冲洗牛舍，使地板无粪尿堆积，食槽中残留下的饲料残渣应及时清理，防止久积发霉，尤其是温暖潮湿的季节，1～2 天就会发霉、腐败，牛只吃下容易发生肠炎等消化系统疾病。因此，每个月应对畜舍的地面、房角、食槽、颈架等进行一次消毒，对房顶、窗户进行一次大扫除，以除去蜘蛛网和灰尘。运动场的粪便每天必须清除，保持运动场有一个舒适的环境。

3. 泌乳水牛的放牧

放牧可加强运动，促进血液循环，增强体质和食欲，大部分水牛场实行半舍饲半放牧的饲养方式，一般于上午挤完奶后出牧，放牧 5～6 个小时。泌乳母水牛由于乳房大后躯重，因此不要放在灌木丛里及跳越沟坎。严禁用石块打击来驱赶牛只，在高温季节，尤其在 25℃以上时晴天，要避免中午烈日暴晒，因为水牛的体温调节能力较差，此时要将牛赶到树荫下或水塘（水沟）泡水，泡水对水牛最为有利，降温最快，牛只也感舒服愉快，对提高产奶量有好处。

4. 泌乳期的配种及重胎牛的管理

泌乳期母水牛要求产后 60 天内配上种，产后有不少母水牛于 30 天内就发情，但由于子宫还未完全恢复，如此时配种对牛只健康不利，于第二个发情期配种最为理想。超过 60～90 天还配不上种，其后就更难配上种。为了获得好的繁殖效率，缩短产犊间隔，配种人员要注意避开水牛于 3～7 月的休情季节，抓紧配种的其他月份。

到泌乳后期的 8～9 个月时，母水牛也进入了重胎期。此时应注意出入牛舍时防止滑倒、急转弯，严禁饲养人员打冷鞭，急促驱赶等。

5. 环境要求

泌乳母水牛要求有一个安静环境，特别是挤奶期间，严禁高声喧哗或打骂牛只，不许陌生人进入牛舍，舍外也不应有其他嘈杂的声音，否则会造成水牛排乳抑制和减产。各种饲养管理程序要按时进行，尤其是挤奶时间，每日两次，包括挤奶时的先后顺序都要保持一致，不要随意改动，使牛只养成良好的条件反射。

（三）挤奶调教

水牛挤奶能够提高饲养水牛农民的经济收入，是一条农民增收之路。虽然水牛挤奶调教比奶牛难得多，但是只要注意以下四个方面，也容易获得成功。

1. 人畜亲和力驯化

在母牛怀孕后期，饲养人员要经常接近牛，刷拭牛体，按摩乳房，对其发出各种语言指令，目的是培训人畜之间的亲和力，让牛熟悉饲养人员。

2. 产后母仔分离，犊牛人工喂养

母牛分娩后，待母牛舔干犊牛身体后，即可抱离，单独隔离饲养，要在产后 1 个小时内挤下初乳喂犊牛。一旦母仔分离，人工挤奶后，不能让小牛与母牛接触吃乳，否则挤奶驯化将会非常困难。

3. 定人、定点、定时进行挤奶

挤奶人员要固定，使牛对其气味、声音、力度等外界刺激长期适应。牛对环境的记忆非常好，不能经常更换挤奶地点。每天挤奶的时间固定，可使牛按时产生泌乳反射。

4. 挤奶方法

挤奶环境应保持安静，对牛态度和蔼，挤奶前先拴牛尾，保持牛体干净。然后用 45～50℃的温水，擦洗乳房。开始时可用带水多的湿毛巾，然后将毛巾扭干，自下而上擦干乳房。乳房清洗后应进行按摩，待乳房膨胀，乳静脉怒胀，出现排乳反射时，应开始挤奶，挤奶后还应再次按摩乳房。初孕牛在妊娠 5 个月以后，应进行乳房按摩，每次 5 分钟，分娩前 10～15 天停止。

挤奶应采用拳握式，开始用力宜轻，速度稍慢，待排乳旺盛时应加快速度，每分钟约 80～120 次，每分钟挤奶量不少于 0.5 千克。

由于初产母牛还不习惯挤奶，挤奶时有疼痛感，往往引起母牛的反抗，调教时一定要有耐心、有信心，切忌用力过重、过快。可给牛搔痒或给牛吃其喜欢的饲料，让母牛放松，也有利于调教。

第九章　水牛的肥育技术

水牛肥育的目的是应用现代的饲养和管理技术，生产出成本低而量大的优质肉，从而获得最大的经济效益。各年龄阶段或不同体重的水牛均可用来肥育，但不同品种、年龄、体重的水牛肥育时所需要的营养成分存在差异，肥育期的长短不同，饲养管理上也不同。

第一节　水牛肥育原理

一、营养学原理

要使水牛尽快肥育，在不影响其水牛正常消化吸收的前提下，其营养物质供给量必须高于维持和正常生长发育的营养需要，才能达到预期目的。育肥期间的营养，由于前后期增加的物质不同，前期以肌肉、骨骼生长为主，后期以沉积脂肪为主，因此供给的营养物质有差异，前期的营养水平以蛋白质多而能量适当，后期以高能量营养为主。任何年龄的水牛，当脂肪沉积到一定程度后，其生活力降低、食欲减退、饲料转化率降低、日增重减少，此时不应继续育肥饲养，而要及时出栏或屠宰。

二、品种差异性原理

不同品种的水牛育肥效果是不同的，中国水牛（沼泽型）和国外引进水牛（河流型）品种以及它们的杂种水牛其生长发育速度、对饲料营养的需求是有差异的，因此育肥方法也有差异。

三、年龄差异原理

不同年龄的水牛育肥在育肥期、日增重、饲料报酬、经济效益等方面是不同的。一是不同生长阶段的水牛在育肥期间所要求的营养水平是不同的，幼龄水牛的增重以肌肉、内脏、骨骼为主，因此饲料中蛋白质要求要高些。成年水牛的增重除增长肌肉外，主要是沉积脂肪，因此要求给予高能量低蛋白的饲料。由于二者的增减成分不同，每单位增重所需的营养量以幼龄最少，老龄牛最多。但由于幼龄水牛瘤胃消化机能发育不充分，故对饲料的品质要求较高。

四、补偿生长原理

补偿生长是指水牛在生长发育的某一阶段因某种原因（例如饲料饲喂量不足，饲养环境突变等）造成水牛生长发育受阻或停滞。而当水牛的营养水平和环境条件适合或满足于其生长发育条件时，水牛的生长速度在一段时间内会快速或超过正常，把生长发育受阻阶段损失的体重弥补回来，这种特性称之为补偿生长。但不是任何时间受阻都能补偿的（例如生长受阻阶段发生在胚胎期或初生至3月龄时，或受阻时间超过半年以上的，补偿生长效果不理想）。目前，广大农村在水牛饲养管理过程中，前期以低水平饲养，俗称“吊架子”，后期实行高营养水平短期饲养，以此获得较好的增重效果，这就是利用补偿生长特点的原理。

在生产实践中，不管使用何种原理，均应因地制宜，择优综合措施才能获得理想的肥育效果。

第二节　水牛肥育方法

一、水牛肥育方法

水牛肥育从性别来分，可分为去势水牛、公水牛和母水牛；从肥育期长短来分，可分为短期肥育和一般肥育；从年龄来分，可分为犊牛肥育、育成水牛肥育和成年水牛肥育；从饲养方式来分，可分为放牧肥育、围栏肥育、易地肥育；从肥育期所用主要饲料成分来分，可分为酒糟肥育、青贮玉米肥育和高精料肥育（又称强度肥育、快速肥育）等。总之，要根据肥育水牛的年龄、体况、饲料、当地条件、肥育技术、出售时间、市场需求和季节等，以选最适合于当地的肥育方法。

二、水牛肥育管理要点

（1）肥育水牛的选择选择。健康、生长发育正常的水牛进行肥育。假如发育不正常，头大、肚大、颈部细、四肢短，说明水牛在胎儿时生长发育受到阻碍；如果大架子水牛像个犊牛，四肢细长、腹小、身躯短、躯身浅窄，则说明该牛青年时期生长受阻。这类水牛不易肥育，因为很难通过短期的肥育来改变它的体型和增加产肉量。

（2）驱虫。肥育水牛要在肥育前进行驱虫，把肥育水牛体内外寄生虫驱除，以保证在肥育期有较高的增长速度。

（3）按体重分组编号，并备足饲料。对肥育水牛群，要按不同体重进行分组，分槽饲养，根据具体情况科学地配合饲料，制定饲养制度。在肥育前应备足饲草饲料，禁止使用霉变或夹杂金属异物的饲料喂牛。

（4）常刷拭牛体。坚持每天刷拭水牛体两次，刷拭方法用毛刷从前（头）至后、从上至下、从左至右刷拭，这既可除去皮肤污物，又刺激表皮神经与血管机能，加强新陈代谢，有益于水牛的增重。

（5）防寒防暑。环境温度对水牛肥育的影响较大，水牛被毛稀疏，汗腺少，据中国水牛解剖学报道，水牛毛比黄牛少得多，每平方厘米 2173.7 根、汗腺 109.5 个，仅为黄牛的 8%，故水牛怕冷又怕热。环境温度过低、过高、均可使水牛机体，热量增加，维持需要随之增加，必然消耗较多的饲料。当温度过高时，采食量下降，增重也下降。育肥后期，水牛已较肥，高温的危害更为严重，因此后期育肥要尽量回避盛夏高温季节。

（6）及时检查肥育效果，调整日粮配方。为了检查肥育效果，应在肥育开始时及以后的肥育期中，每月称重 1 次体重，以便及早发现问题，及时改进饲养管理方法和调整日粮配方。

（7）保证清洁充足的饮水。对肥育水牛应供给清洁充足的饮水，有条件的地方应做到自由饮水。

三、水牛低精料肥育技术

采用这一技术可充分利用秸秆饲料及其他农副产品，少用精料。低精料肥育水牛时，不可追求过高的日增重，应适当推迟出栏期限，料肉比一般在3∶1以下，有的甚至可降到1.5∶1。这一技术关键在于大力推广秸秆氨化、碱化、盐化和玉米秸青贮技术（简称“三化一贮”技术），并引入高产饲料作物及人工栽培优质牧草，以解决农村青饲料不足的问题。这一技术符合我国粮食人均数量少的国情，更适合当前广大农村养牛专业户。

（1）以青贮玉米为主的日粮：玉米主产区以青贮玉米为主，加少量青干草和精料进行水牛肥育。应用青贮玉米肥育，要让水牛有一个适应过程，喂量要由少到多，习惯后才能大量饲喂。要注意青贮料的品质，发霉变质的青贮料不能喂水牛。青贮玉米属于高产饲料，单位面积产量高，以青贮玉米为主的肥育日粮类型是很有推广价值的，由于青贮玉米的蛋白质含量较低，只有2%左右，所以必须与蛋白质（如棉籽饼）等搭配。

（2）以青干草为主的日粮：此种方法适宜秋季进行肥育。此时野草已干枯，农作物已收获，以干草和作物秸秆为基本饲料，经加工配成“花草”饲喂，集中250～300千克体重杂种水牛，每天供给1.5～2千克精料，日增重可达800克以上。

（3）以糟渣类为主的日粮：有些地方利用粮食加工业的下脚料，如酒糟、玉米淀粉渣、药渣等代替精料进行肥育，成本低、增重快，有较高的经济效益。

（4）氨化秸秆加饼粕日粮：广大油菜产区，秸秆与菜籽饼资源十分丰富，适宜采用此种方法。

四、水牛短期快速肥育技术

选择体重比较大的杂种架子牛，在较高的营养水平条件下，使水牛迅速增重，在2～3个月内，达到出栏体重。我国水牛改良工作的开展，杂种水牛的数量增多及市场的开放等原因促进了这一技术的迅速兴起。这种肥育方法的特点是：生产周期短、资金周转快、饲料报酬高、生产成本低、经济效益好。这是目前最普遍，也是生产出口活水牛最有效的一种方法。

（一）育肥前的准备

1. 肥育水牛的选择

从品种角度应考虑大型水牛、杂种水牛，性别上应选公水牛，公水牛比母水牛生长发育更快，更具育肥潜力。体况要求中等膘情，活泼健康。如果育成水牛就像肥牛一样，说明早期脂肪沉积，再继续育肥效果不好。体形要求四肢粗壮，体长背宽，并要求脾气温顺，不易发生应激反应的水牛。

2. 饲养设施的准备

育肥场应设有牛舍（牛棚）、食槽、水槽（池），每头牛有 4 ~ 6 平方 米的床位，舍外有运动场，最好也设食槽、水槽。同时建有兽医室、饲料仓库、粗饲料处理池（氨化）和青贮窖，此外还有自己的供水装置，保证有充足的饮用水。

3. 饲料的准备

在一个育肥周期内，必须给肥育水牛群准备足够的青粗饲料和精料，保证每日均衡供应，青绿和青贮饲料按体重的 8% ~ 10% 计算，干草、秸秆按体重的 0.3%~ 0.5%计算，精料按体重的 0.5%~ 1.0% 计算。只有准备足够的精粗饲料，才不会在育肥期间出现断草、断粮的现象，否则会影响水牛的生长和增重，从而增加饲养成本，降低经济效益。

（二）肥育水牛的营养要求

水牛育肥期正处在生长发育的旺盛阶段，主要表现为肌肉、骨骼的生长，不论是大型水牛，还是小型水牛，在营养上应能充分满足其生长发育的需要，尤其在 15 月龄之前，日粮中粗蛋白质的水平应达到 12% ~ 13%，增重净能为 13 ~ 14 兆焦耳，而 15 ~ 24 月龄时，主要是改善肉的品质，体重的增加主要表现为脂肪的沉积。日粮中粗蛋白质水平可降到 10% ~ 11%，增重净能则应为 22 ~ 25 兆焦耳的水平。同时，应注意矿物质和维生素的供给，特别是钙、磷和维生素 A，钙 30 ~ 40 克，磷 20 ~ 30 克，维生素 A12 万~ 15 万单位。

（三）肥育技术

当前，育肥技术的方法方式有多种，按育肥期的长短划分，可分为持续育肥和短期育肥；按饲养方式划分，可分为舍饲育肥和放牧育肥；按饲喂形式划分，可分为自由采食饲养育肥和定时定量饲养育肥；按饲料类型划分，可分为精料型育肥和前粗后精育肥。至于采用何种方法方式，应根据当地的条件，因地制宜的选用。本节主要介绍舍饲持续育肥和放牧持续育肥法，而短期育肥将在淘汰牛育肥中论述。

1. 新购进育成水牛的饲喂技术

（1）饮水：育成水牛经过一段时间的驱赶或运输，应激反应大，特别是杂交水牛。由于胃肠食物少，体内失水较严重，到达育肥场后，首先考虑给水牛补水。第一次饮水要限量，切忌暴饮，一般为 10 千克左右；第二次饮水在第一次饮水后 3 ~ 4 小时进行，不限量自由饮水。第一次饮水时，每头水牛另补人工盐 100 ~ 120 克。

（2）饲喂优质干草：当育成水牛饮足水后，便可饲喂优质干草或氨化稻草，第一次饲喂要限制，约为采食量的一半左右。2 ~ 3 天后逐渐增加饲喂量，5 ~ 6 天后才能让其充分采食。混合精料 2 ~ 3 天后开始，从少量（为体重 0.5%）逐渐增加到体重的 0.8% ~ 1.0%。

（3）分群：对新进场的水牛，按性别、年龄、体格大小、强弱分群。同性别、同等级的育成水牛集中在一起饲养管理，一般每群大小以 15 ~ 20 头为宜。分群应在临近天黑时较容易成功。分群的当晚应有管理人员值班，防止水牛格斗和意外。

（4）驱除水牛体内外寄生虫和防疫注射：主要是肝片吸虫、线虫类、蜱虱、痒螨，防疫接种主要是五号病和牛出败两种。

2. 肥育水牛的饲喂方法

饲喂肥育水牛有自由采食法和限制饲喂法两种。

（1）自由采食法：采用散养的形式，牛只可以自由活动，自由采食，食槽内经常保持足够的饲料，水槽保证有水，24 小时牛只均可采食饮水。此法的优点是每头水牛可根据其自身的营养需要自由采食饲料，达到最高增重，最有效地利用饲料，劳动效率高，一般一个劳动力可管理 100 ~ 150 头水牛。减少食槽和水槽的长度，因牛只可在不同的时间采食，适合强度催肥，减少牛只间相互格斗，便于大群、机械化饲养管理。国外大型集约化水牛育肥场多采用此种形式。其缺点：不易控制水牛采食量，有的牛只出现增重过快；不易观察牛只的食欲和健康情况；粗饲料利用量下降，精料在牛消化道停留时间短，饲料利用效率受影响。

（2）限制饲喂法：此法人为的因素干预过多，把牛只都栓系起来，一牛一槽、定位饲养，吃什么料、吃多少由饲养人员控制。此法的优点：饲料浪费少，能更有效地控制牛只生长；便于观察牛只的采食和健康情况；粗饲料利用量较多，便于清洁卫生和日常管理。限制饲喂法多为中小型饲养户采用。缺点：采食量不如自由采食的多；生长受到制约；场地、设备利用较低，劳动效率不高。

3. 全舍饲育成水牛育肥饲养技术

育成水牛一般从 12 月龄进入育肥场后，经 8 ~ 12 个月的肥育，至 24 月龄左右出栏，达到高的活重和高等级的优质肉。从饲养技术上大致分为两个阶段和三个阶段。根据我国国情，大多采用前粗、后精两个阶段饲养方式，它既能节约饲料，又能获得满意的肥育效果。

（1）肥育前期（生长肥育期）的饲养技术：此期指 12 ~ 18 月龄时的育成水牛，其特点是利用水牛生长发育的规律，创造一个促进水牛骨骼、内脏、肌肉生长的良好环境，在饲料营养上要富含蛋白质、矿物质和维生素。此时的水牛食欲旺盛，能采食大量的青粗饲料。因此，日粮组成应充分利用当地的饲料资源，以青粗饲料为主，如各种青草、鲜蔗梢、玉米苗、青贮玉米、氨化稻草、干红薯藤、木薯渣、粉渣、酒糟、啤酒糟之类。青粗饲料的比例可占日粮干物质的 80% 左右，要限制精料的喂量，使水牛在保持正常生长发育的同时，又锻炼水牛的消化器官，使干物质采食量达体重 3% 左右。为了达到多采食青粗饲料，最好采用精料拌草的方法，诱导采食粗料。此阶段不宜追求过高的日增重，每头日增重以 0.5 ~ 0.6 千克为宜。借用补偿生长的特点，达到少用精料、降低成本的目的，又可以减少水牛在育肥期的疾病。

（2）育肥后期（成熟肥育期）的饲喂技术：此阶段水牛的骨骼已发育良好，肌肉也有相当程度的生长。因此饲养的重点是促进肌肉生长、脂肪的沉积、增加肌肉纤维间脂肪的沉积量，达到改善肉品质的目的。为此，要选用高能低蛋白的饲料，保证矿物质、维生素的供给。日粮从前期的青粗饲料为主过渡到以精料为主，增大饲料浓度。精粗料的比例逐步达到（60 ~ 70）:（40 ~ 30）。日干物质采食量降到体重的 2% 以下。日粮的组成，精料以玉米、大麦、碎米、米糠、麸皮或菜籽饼等配合，粗料以带穗玉米青贮、青草和啤酒糟为宜。

当水牛肥育到体重达 500 千克后，进入肉质改善期。此时，肌肉内部蓄积脂肪对水牛来说是一种病态，牛自身的一种本能反应，表现出食欲下降。另外，腹腔沉积脂肪使腹腔空隙减少，也会引起采食量下降。但采食量开始减少时并不意味着肥育完成，正是改进肉质的好时期，采食量不规则，食欲不太正常（时好时坏），但粪便、反刍和体温均正常，日增重从高峰逐渐降低。此时的关键是增加采食量，调整饲料和日粮，改进饲喂技术，提高食欲，可增加饲喂次数，从日喂二次增至三次，或自由采食，或实行夜间喂青粗料，白天喂精料，保证每天能采食到足够的精料，取得满意的效果。

4. 育成水牛的放牧育肥

我国水牛主要分布在长江以南的广大亚热带气候区，光、水、热得天独厚，气温高而雨量多，牧草一年四季均可生长，枯草时间很短，几乎终年可以放牧，是我国北方无法相比的。云南有着广阔的草山草坡、江河湖洲，牧草资源十分丰富，给水牛放牧育肥创造了一个“价廉物美”的物质条件。根据一年四季牧草兴衰的变化规律，合理组织安排水牛育肥时间，利用良好的天然草场，可获得较好的增重效果和明显的经济效益。放牧育肥水牛最大的优点是省草料、省人力、少设备、饲养成本最低，是当前水牛肉生产的最佳选择，凡是有草地的地区应大力推广。

春天气候暖和，牧草已经开始生长，草质幼嫩，粗蛋白质含量高，维生素也丰富，有机物消化率可达 70%。据湖南南山山地草场调查，春季禾本科天然牧草干物质粗蛋白质含量为 13%，粗纤维含量 26%，如此时购进 12 ~ 14 月龄的育成水牛进行放牧饲养，采食幼嫩青草，营养已可以满足其生长发育。到了夏季，气温高，雨多，牧草光合作用强烈，生长很旺盛，营养价值也高，水牛可随时吃饱吃足，日增重可达 0.6 ~ 0.8 千克，甚至更高，这种时间可以持续到初冬。经过 7 ~ 8 个月的放牧饲养，达 20 ~ 24 月龄，水牛已膘满肉肥，整个育肥期充分利用天然牧草。如果市场需要即可出售或屠宰。尽管其肉质比舍饲育肥的差些，价格上便宜些，但仍是高效的。如果部分牛还不够肥或想获得更理想的优质牛肉，可在夜间补饲一定数量的精料，也可停止放牧转入舍饲，用优质精料和粗料进行短期强度育肥，这样每单位增重成本仍然是低的。

牧草是育肥水牛的物质基础，保护好草地牧草资源，保证水牛经常有充足质优的青草供牛群采食是非常重要的。轮牧是保护牧草生长的好办法，饲养者应根据草场的大小估计产草量的多少，人为地将使用的草地划分为若干小块或小区，每区用刺铁丝围好或用电围栏或用石头砌石墙围好，每一小区（块）放牧 7 ~ 10 天，就轮换到另一小区放牧。一般要求 40 ~ 50 天轮牧一次，使每块草地有一定休闲时间，让牧草再生。这样不易使草场过牧而退化，可保持草场高的产草量。

有条件的地方可逐步对天然草地进行改良播种高产优质人工牧草，特别是豆科牧草，使其成为永久性人工草地，这样可大大提高载畜量和肥育效果，经济效益也很显著。

（四）育肥水牛的日粮配合

根据各地的经验，结合当地饲料资源，编者总结了几个常用育肥水牛日粮配方，见表 9–1。

表 9-1　常用育肥期水牛典型日粮配合示例

饲料（%）	1	2	3	4	5
玉米	10.0	25.0	9.0	16.7	23.5
菜籽饼	12.0	13.0	11.0	24.7	6.0
大麦粉					5.0
玉米带穗青贮	44.6		51.0		
象草（蔗梢）		37.0		37.4	35.1
酒（啤）糟	30.0	21.1	25.6	10.0	
草粉			0.25	5.0	5.0
稻草	2.5	3.0		4.5	3.0
石粉	0.5	0.5	0.5	1.0	1.0
盐	0.4	0.4	0.4	0.7	0.4

五、淘汰水牛的肥育

淘汰水牛主要指丧失耕作、繁殖能力的老弱病残水牛以及部分健康成年水牛。现阶段主要是利用这种水牛进行育肥。

（一）淘汰水牛的生理特点

淘汰水牛大多生理机能减退、行动缓慢、被毛粗乱、体弱消瘦，多数水牛营养不良、牙齿不好、进食慢。根据史荣仙报道，测定老年水牛每采食 1 千克青草需要 6 分钟，而青年水牛仅 4.2 分钟，慢了 1/3。由于长期受体内外寄生虫的侵袭（尤其是在我国南方普遍很流行的肝片吸虫），多表现为贫血消化不良，血液中红色球、血红蛋白、体温、呼吸、脉搏等生理指标都低于青年水牛。

（二）淘汰水牛育肥前准备

1. 场地消毒

牛进场前要将牛舍内外、食槽、水槽彻底打扫干净，并用消毒药液或石灰液喷洒地面、屋角、顶面等，以杀死病原菌，预防疾病发生。

2. 驱虫

淘汰水牛进场后，首先要进行的是给牛驱除体内外的寄生虫。因为这些寄生虫每天要吮吸水牛大量的血液，同时排出毒素，使牛只食欲减退、消化不良、腹泻、皮肤瘙痒、不安、脱毛等。如不驱虫，饲喂好的饲料也不会得到好效果。

3. 防疫注射

不管淘汰水牛购自何处，进场后均要对其进行防疫注射，主要是针对口蹄疫，必须进行防疫接种。

4. 检疫

重点对结核病、布鲁氏杆菌病实施检疫。

5. 服用健胃剂

当淘汰水牛进场1周后，对环境应激基本结束，又进行了驱虫和防疫注射，此时开始服用中、西药健胃剂，刺激消化液的分泌，调整肠道机能，对增进食欲，迅速提高采食量很有好处。

（三）营养要求

淘汰水牛大部分已是成年阶段，此时肌肉和骨骼生长停止，增重主要是靠脂肪的沉积来改善牛肉品质。因此，营养要求主要是能量水平，蛋白质要求不高，但总的需要量由于维持需要的增加而增大。一般粗蛋白质水平为9%～10%，增重净能25兆焦耳左右。育肥前2周，由于克服贫血和各种酶类的合成，以调整体内代谢功能，粗蛋白质可略高一些。维生素A要求给予20万单位。食盐必须添加，每日给50～60克。总之可以说淘汰水牛的营养要求，为典型的高能低蛋白质类型，与育成水牛育肥后期相似。

（四）饲喂技术

淘汰水牛育肥主要是增加脂肪和改善牛肉品质，饲料报酬不如育成水牛高。据史荣仙（1994）报道，丧失耕作能力的母水牛，每日饲喂青草50千克，精料2.1千克，经3个月育肥，平均日增重达0.57千克，屠宰率达47%，净肉率35.4%。

对于架子很好、体躯长、骨粗、皮薄，仅营养不良、体况稍差、膘情属中下的淘汰水牛，由于内脏空隙大，当其获得较好的饲料条件时，能大量采食，最好一段时间日采食量可达体重的14%。对这类水牛育肥，可给予大量优质青草、青贮饲料和各种糟渣类饲料，喂匀喂饱就能取得较好的增重效果。若再补喂少量精料，效果更显著。在短期育肥期可达到日增重0.9～1.0千克。精粗料比例可达40∶60，一般要求100千克活重给精料0.8～1.2千克，投喂精料应注意由少至多，逐渐增加，若一次到位，将影响采食的积极性和日增重。饲喂形式可采用自由采食法，也可采用定时定量限食法，均可收到很好的效果。

对于生理机能差的老弱病牛，除针对病因治疗外，应选用优质幼嫩青草、青贮饲料或氨化稻草饲喂，同时增加草料饲喂次数，每日4～5次，或延长采食时间，夜间加喂草料，让其自由采食，在饲喂方式上采用专槽单喂的方式为宜，有利于随时掌握个体的采食量和健康情况，同时避免争食抢料的现象发生。

淘汰水牛在前2个月的育肥过程中，由于采食量大，获得的营养物质多，体内沉积的脂肪也较多，增重效果好。到第3个月采食量下降，仅为体重的2%，这时日增重开始下降，因经淘汰水牛肥育只能是短期育肥，且不应超过3个月，否则会增加饲养成本，降低经济效益。

（五）日粮配方

饲喂不同粗料时，对不同体重、日增重的水牛需要给予不同的精料量。饲喂优质青料、青贮料，需要补充精料少，而饲喂粗料质量差，需要补充精料就多，具体方案见表 9–2。

表 9–2　淘汰水牛育肥期不同粗料时精料日使用量　（单位：千克）

体重	日增重	不同粗料时精料日使用量[1]			
		各种青草和作物青割[2]	各种青贮类[3]	各种青干草、玉米秆及氨化稻草	稻草、豆秆及枯草类
300	0.9	1.9	2.5	3.5	4.9
	1.2	3.9	4.4	5.3	6.4
350	0.9	2.1	2.7	3.9	5.4
	1.2	4.1	4.6	5.7	6.9
400	0.8	1.7	2.6	3.9	5.5
	1.0	3.4	4.0	5.1	6.6
450	0.7	1.8	2.5	3.9	5.7
	0.9	3.5	4.1	5.3	6.8
500	0.7	1.9	2.6	3.9	5.5
	0.8	3.7	4.0	5.1	6.6

注：[1] 混合精料为玉米 50%、米糠饼 10%、碎米 8%、棉籽饼 15%、麸皮 12%、盐 2%、石粉 3%。[2] 各种野杂草、象草类、玉米苗、蔗梢。[3] 玉米带穗青贮、玉米苗青贮。

四、肥育水牛的饲养管理日程（舍饲）

肥育水牛的饲养管理日程（舍饲），见表 9–3。

表 9–3　肥育水牛的饲养管理日程（舍饲）

时间		工作内容
上午	7：30—8：30	准备饲草饲料，清扫食槽，打扫舍内卫生
	8：30—10：30	第一次喂牛
	10：30—11：30	喂水，牵出运动场或栓系，刷拭牛体
中午	12：00—14：00（夏季）	给牛下塘泡水，或舍内冲洗牛身
下午	14：00—15：00	准备饲草、饲料，牵牛回牛舍
	15：00—16：00	第二次喂草，清扫运动场粪便
	16：00—17：00	喂水
晚上	21：00—22：00	第三次喂牛

六、提高育肥效果的方法

提高育肥效果的主要方法如下：

（一）增加育肥水牛的食量

在单位时间内，水牛能多采食、多消化饲料、多吸收营养物质，这是水牛快长、长好的基本条件。因此，要创造条件，让水牛大量采食饲料。

1．在育肥前期，日粮组成中粗饲料的比例不能低于50%，多采食粗料，锻炼胃肠，增大胃的容量。

2．要严格选择架子牛，除注意体形外貌选择外，还应注意亲本的遗传特性以及与年龄相应的体重。

3．通过如下方式变化饲喂：

（1）加喂优质、适口性好的青绿饲草，恢复胃的功能。

（2）改变料形，如采用蒸煮、压片等方法提高饲料的适口性。

（3）每次饲喂前配制日粮，不喂剩余日粮或隔夜饲料。

（4）适当运动，有助于胃肠蠕动和消化液的分泌。

（5）日粮中增加优质青干草比例。

（6）保证饮水的新鲜和昼夜供应。

（7）日粮中增加有助于消化的药物、添加剂，如小苏打、人工盐、大蒜酊、维生素A、健胃散等，刺激消化液分泌和调节体内代谢。

（二）应用生长促进剂

生长促进剂属非营养性饲料添加剂，主要作用是刺激动物生长、提高饲料利用效率以及改善动物健康。主要有抗菌药物、抗生素、激素、酶制剂等，但有关水牛使用情况报道罕见，只有借鉴肉牛资料加以论述。现只介绍抗生菌的瘤胃素和激素类的肉牛增重剂。

1．瘤胃素

瘤胃素又名莫能菌素，属抗生菌素，能减少瘤胃蛋白降解，增加过瘤胃蛋白质的数量，从而增加蛋白质到达真胃的数量。同时，能控制（调节）瘤胃内碳水化合物向丙酸方向降解，从而增加了丙酸产量，提高了饲料利用率。它是动物专用抗生素，故与人体无交叉耐药性，在肠道内不吸收，对产品无残留，长时间使用无副作用，安全可靠。

据蒋洪茂（1995）报道，喂瘤胃素比不喂瘤胃素的肉牛增重效果提高

6.2%～17.1%，降低饲料消耗 11.1%～13.1%。瘤胃素与玉米赤霉醇同步使用，其效果好于单一使用，可进一步提高饲料利用效率。

饲喂量及使用方法，按饲料添加剂厂家的说明进行。

2. 肉牛增重剂（激素）

常用的内源激素有雌二醇、睾酮、黄体酮，外源激素有醋酸三烯去甲睾酮、玉米赤霉醇、十六甲基甲地孕酮等，为人工合成激素。因为这些激素在肝脏降解失去活性，而且口服活性也很低，使用这些激素是安全可靠的。

它们的作用是能改善机体内氮平衡和增加蛋白质的沉积，而雌激素还可促进生长激素的分泌，因此有较好的增重效果。

据报道，利用玉米赤霉醇给阉牛埋植，在放牧条件下，能提高日增重 11%～24%，舍饲肥育提高日增重 17.9%。研究证明，肉牛增重剂重复（二次）使用，其效果优于一次使用。一次性埋植提高增重 8.4%，两次埋植提高增重达 15.1%，采用两种增重剂联合使用，比单一的使用效果好。如采用玉米赤霉醇 + 醋酸三烯去甲睾酮给阉牛埋植在 63 天时间里，对增重基础高的牛，提高增重 48.2%，对于增重基础低的牛，提高日增重 76%。

不同类别的肉牛，使用增重剂效果是不一样的，以阉牛效果最好，母牛次之，公牛效果最差，同时使用时年龄不可太小。为了安全有效使用肉牛增重剂，应严格遵守在屠宰前 90 天停止埋植的规定。

投药方法及剂量，按此类肉牛增重剂的厂家说明进行。

3. 注意事项

应严格遵守停药期、休药期规定。

第十章　水牛的繁殖技术

第一节　水牛生殖器官的构造和功能

一、公牛生殖器官的构造和功能

（一）公牛生殖器官的构造

公牛的生殖器官包括睾丸、副睾丸、阴囊、输精管、副性腺、尿道、阴茎及包皮等。

（二）公牛生殖器官的功能

（1）睾丸主要功能是产生精子和分泌雄性激素。

（2）副睾丸是精子成熟和暂时贮存的地方。

（3）阴囊主要作用是保护睾丸和调节睾丸温度。

（4）输精管是运送精子的管道。

（5）副性腺分泌的液体同精子混合一起成为精液。

（6）尿道又称尿生殖道，是尿液和精液的共同通道。

（7）阴茎为交配器官，勃起后将精液射入雌性生殖道中。

（8）包皮起保护阴茎的作用。

二、母牛生殖器官的构造和功能

（一）母牛生殖器官的构造

母牛的生殖器官包括：①卵巢。②生殖道，包括输卵管、子宫（子宫角、子宫体、子宫颈）、阴道。③外生殖器官，包括尿生殖前庭、阴唇、阴蒂、阴门。

（二）母牛生殖器的功能

（1）卵巢呈卵圆形，有的似椭圆形，位于子宫角尖端。其主要功能是产生卵子和排卵，分泌雌性激素和黄体酮。平均长 2.0 ~ 3.0 厘米，宽 1.6 ~ 2.0 厘米，厚 1.0 ~ 1.4 厘米。

（2）输卵管位于卵巢与子宫角之间的管道。是输送卵子、受精卵和胚胎卵分裂的地方，长约 20 厘米。

（3）子宫形似绵羊角，是受精卵发育成胎儿及供给营养的器官，由子宫角、子宫体、子宫颈三部分组成。

①子宫角：牛的子宫角分为左右两个。卵子在输卵管内受精后移行到子宫角内嵌植发育，长 15 ~ 25 厘米。

②子宫体：两子宫角汇合后的一段，与子宫颈相连，长约 0.9 ~ 2.2 厘米。胎儿发育后期胎囊充满子宫角和子宫体。子宫角和子宫体的主要功能是供应胚胎发育的营养。

③子宫颈：子宫和阴道的门户和通道，长 4.4 ~ 7 厘米，母牛发情时子宫颈松弛；在妊娠时，子宫颈收缩并产生黏液闭塞子宫颈管，防止感染物侵入。

（4）阴道是母牛交配的器官和胎儿的产道。

（5）外生殖器官包括尿生殖前庭、阴唇、阴蒂、阴门。母牛发情时，阴道前庭腺的分泌物增多，阴蒂神经兴奋充血。

第二节　水牛的生殖生理

一、公牛的生殖生理

（一）公牛的性成熟

公牛生长发育到一定时期，能够产生精子，生殖器官发育完全，具有繁殖能力。水牛的性成熟比黄牛和奶牛晚，约 18 ~ 30 月龄。待公牛身体发育完全，达到体成熟时才能配种，约 36 ~ 48 月龄，一般公牛体重达成年体重的 70% 左右。

（二）精子的形态

精子分为头、颈、尾三部分。

（三）精子的运动

精子的运动是受精的先决条件。在显微镜下观察精子运动的方式有三种，即直线运动、原地转圈运动和原地抖动。

（1）直线运动：精子的运动呈直线前进，这样的精子才具有受精能力。

（2）原地转圈运动：是精子沿一圆圈运动，圆圈的直径一般不超过一个精子长度。说明精子活力减弱。

（3）原地抖动：精子不改变其位置，在原地摆动，临近死亡。

（四）影响精子在体外存活的主要因素

（1）温度：温度是影响精子存活的重要因素，在 37 ~ 38℃时是保持精子正常活动的适宜温度。温度较高，精子的活动能力和代谢加强，能量消耗加快，存活时间短。当温度到 55℃时，精子立即死亡。温度逐渐降低，精子活动缓慢，代谢作用降低，能量消耗减少，存活时间延长。在 5℃左右精子呈休眠状态。

（2）渗透压：精子只有在等渗溶液中才能保持正常的运动和存活。精子在低渗溶液中，水分进入细胞内，使精子的尾部膨胀并卷曲，逐渐死亡。如果处于高渗溶液中，精子内部的水分被吸出而发生皱缩，尾部呈锯齿形弯曲，逐渐死亡。因此，要防止水分混入精液。

（3）酸碱度 pH 值：精子运动最适宜的 pH 值为 6.6 ~ 6.8，精子在弱碱性溶液中运动增强，存活时间短；在弱酸性溶液中精子活动受到抑制，存活时间长。

（4）光线：直射的阳光能刺激精子，加强运动，缩短存活时间，日光中的紫外线，红外线有杀伤精子的作用。

（5）药物：现在使用的消毒剂对精子都有损害作用，即使 0.5% 的酒精也会很快杀死精子。

（6）振动：振动能使精子的存活时间和受精能力降低，所以在精液处理、运输过程中应设法减少振动。

二、母牛的生殖生理

（一）发情

发情是母牛达到性成熟时的一种周期性的性活动现象。虽然水牛一年四季都发情，但也有明显的淡、旺季节之分。上半年少，下半年多，其中 8 ~ 11 月最多。根据大理州水牛试验示范场的资料，摩拉牛与本地水牛的杂交后代，母水牛发情有明显的季节性。3～7月发情较少，而且受胎率较低。一般8～2月为发情高峰期，特别是10～12月发情最多，而且受胎率都很高。

（二）性成熟

性成熟是指母牛出生后，生长发育到一定时期，能够产生具有生殖能力的生殖细胞的时期。一般黄牛8～12月龄。水牛性成熟时间较晚，受品种、气候、个体、饲养管理等因素影响。一般水牛的性成熟为15～20月龄。根据大理州水牛试验示范场的资料，摩拉牛与本地水牛的杂交后代，性成熟一般为15～24月龄，体重一般为180千克左右。性成熟时，母牛的身体和生殖器官还未发育完全，所以不宜配种。

（三）体成熟

母牛出生后，生长发育到一定时期，产生具有生殖能力的生殖细胞，身体和生殖器官已经发育完全，并且可以配种。一般黄牛18～24月龄。一般水牛的体成熟范围24～36月龄，或体重为成年时的70%左右。根据大理州水牛试验示范场的资料，摩拉牛与本地水牛的杂交后代，体成熟平均为41.5月龄，范围33～52月龄，一般体重为280千克左右，青年母牛初产年龄平均为55.3月龄。

（四）发情周期

母牛性成熟以后至年老性机能衰退以前，没有配种或配种没有受胎，每隔一定的时间就会出现一次发情，这种有规律的周期性变化称为发情周期。一般把上一次发情开始到下一次发情开始这一段时间，称为一个发情周期，平均为21天。范围为黄牛18～24天，水牛16～25天。根据大理州水牛试验示范场的资料，摩拉牛与本地水牛的杂交后代，发情周期平均为21.5天，范围为18～32天。同一头母牛的发情周期相对固定，差异不大。水牛的发情周期受气候、个体、饲养管理等因素的影响比较大，在实际工作中不易掌握，容易发生漏配现象，影响水牛的繁殖率。

（五）发情持续期

指母牛发情开始到发情停止所持续的时间。青年黄牛平均为12小时，一般经产牛18小时，范围为黄牛6～36小时，水牛平均为24～36小时。根据大理州水牛试验示范场的资料，摩拉牛与本地水牛的杂交后代，发情持续期平均为72～96小时，范围为18～168小时。水牛的发情持续期较长，范围大，适时输精时间难于掌握，这也是造成受胎率低的重要原因。

第三节　母牛的发情鉴定

一、母牛发情鉴定方法

发情鉴定的目的就是把发情母牛找出来，以便及时配种，提高受胎率。母水牛的发情不如黄牛明显，因此发情鉴定工作要更加仔细。在生产实践中，一般用外部观察法、阴道检查法、直肠检查法。

（一）外部观察法

主要根据母牛的外部发情表现来判定发情状况。发情母牛表现兴奋不安、敏感、外阴部肿胀、阴道流出黏液、爬跨等方面的情况。

（1）发情初期：母水牛表现为兴奋不安、有时鸣叫、仰头摆尾、食欲减退。常追爬其他母牛，但不让其他母牛爬跨。从阴道流出少量稀薄透明的黏液，阴户开始发红、肿胀。

（2）发情中期：母水牛表现性为欲旺盛、食欲减少，阴道流出的黏液量增多、呈黏稠半透明状、能拉出丝。外阴部充血肿胀显著，皱褶消失。互相追逐爬跨，被其他母牛爬跨时安静不动，有的弓腰举背、频频排尿、愿意接受交配的样子。

（3）发情后期：外部发情表现即将结束，接近排卵时不愿意接受其他母牛爬跨，黏液量少、黏稠度减退、拉丝性稍差。外阴部肿胀开始消退，稍有皱褶出现。

（二）阴道检查法

用消过毒的开膣器打开阴道，检查阴道及子宫颈。根据黏膜充血、肿胀的程度，黏液的量、色泽、黏稠度及子宫颈口开张的情况来判断发情状况。

（1）发情初期：阴道黏膜开始充血，微红，黏液量少而透明，象水玻璃样，子宫颈口微开。

（2）发情中期：阴道黏膜全部充血，呈桃红，黏液量增多，呈玻棒状流出，为透明或半透明，子宫颈口开张，充血肿胀明显，有光泽。

（3）发情后期：阴道黏膜充血减弱，成暗红色，最后变为黄白色。黏液量减少，浓稠并混有少量血液，子宫颈口变小，最后闭锁。

（三）直肠检查法

将手伸入母牛的直肠内，隔着直肠壁触摸卵巢及卵泡的大小、形状、变化状态等来判断母牛的发情状况。

（1）发情初期：卵巢略有增大，卵泡开始发育，在卵巢表面有一个软化点，一般摸不出来。

（2）发情中期：卵巢增大，卵泡达到最大体积，呈现泡状，突出于卵巢表面，一般容易摸出来，但是不能用力太大。

（3）发情后期：卵泡体积不再增大，卵泡壁变薄，波动明显，有一触即破之感。随之很快即排卵，排卵后卵巢表面出现一凹陷。

二、母牛的异常发情

母牛发情超出了正常规律，就是异常发情，主要有以下几种：

（一）隐性发情

发情不明显，母牛发情时无明显的外部表现，但是卵巢上有卵泡正常发育并排卵。这种情况在水牛上比较多，这也是影响水牛受胎率的一个重要方面。根据大理州水牛试验示范场的资料，摩拉牛与本地水牛的杂交后代，约40%母牛隐性发情。

（二）假发情

母牛只有外部发情表现而不排卵。

妊娠母牛的假发情母水牛在妊娠最初3个月内，常有3%~5%发情，如爬跨其他母牛或接受其他母牛的爬跨，但是阴道无黏液，子宫颈口闭锁，直肠检查时能摸到胎儿。根据大理州水牛试验示范场的资料，摩拉牛与本地水牛的杂交后代，约8%的母牛在妊娠后4个月内有吊线、子宫颈潮红，但颈口不开张。

发情不排卵母牛只有外部发情表现，卵巢内无发育的卵泡，因而不排卵。患有子宫炎、阴道炎和卵巢机能不全的牛常有此表现。

（三）持续发情

母牛连续发情不止，有的持续1周以上。发生的主要原因如下：

（1）卵巢囊肿：由于卵泡不断发育、肿大，使母牛发情而不排卵，造成母牛发情延长。

（2）卵泡交替发育：两侧卵巢交替有卵泡发育，引起交替发情，造成母牛发情延长。根据大理州水牛试验示范场的资料，摩拉牛与本地水牛的杂交后代，约6%的母牛有卵泡交替发育现象，配种后不易受孕。

（四）不发情

不发情是指母牛该发情而很久不发情。主要原因是营养不良、卵巢疾病、子宫疾病等造成母牛不发情。这种情况在水牛上比较多，这也是影响水牛繁殖率的一个重要方面。

三、直肠检查时的注意事项

如遇到母牛强力努啧时或肠壁扩张呈坛状，应该暂停检查，并用手揉搓按摩肛门，待肠壁松弛后再继续检查；若母牛暴跳不安，不要强行检查，要注意人畜安全；检查时间不宜太长，操作不能粗暴，因为牛的肠壁黏膜较脆，容易出血，应防止发生事故。

第四节　牛人工授精

一、牛的采精

水牛的采精比奶牛和肉牛困难，要求采精场地平坦、安静，采精员要有耐心。假阴道的内胎温度为 40 ~ 42℃，内胎气压要高，润滑要好。采精时假阴道的角度为 35 ~ 40°，公牛爬跨时可随阴茎伸出的角度而适当改变。所有的采精器械都必须严格消毒。

二、细管冷冻精液的制作

水牛的鲜精经分光光度计检测其密度，计算其稀释倍数，显微镜测定其活力，合格的鲜精用同温的第一稀释液进行稀释，然后放入 4℃的低温操作柜中平衡 1 ~ 1.5 小时，再用同温的第二稀释液进行第二次稀释，再平衡 2 小时，方可制作细管冻精。经过检测，达到国标的合格冻精方可入库备用。

三、牛细管冷冻精液人工授精技术

牛冷冻精的应用是牛繁殖技术上的一次飞跃，它打破了时间和空间的限制，分发挥优秀种公牛的种用价值，加速了牛品种改良的步伐，促进了养牛业的迅速发展。但是，水牛人工授精技术的环节比较多，要熟练掌握操作技术，必须注意以下几个方面的问题：

（一）母牛的发情鉴定

熟练掌握母牛发情鉴定常用的三种方法，即外部观察法、阴道检查法和直肠检查法，三种方法综合运用，了解母牛的发情时期，掌握母牛的发情规律，从而确定正确的输精时间。

（二）细管冻精的使用

正确解冻是保证冻精成活率的关键，解冻温度过高、解冻时间过长，可导致精子活跃、代谢旺盛、存活时间短，不利于受精；解冻温度过低、解冻时间过短，可使精子复苏慢、复苏率低，影响受胎率。正确的解冻温度是（38±2）℃，解冻时间为 10 秒。

（三）输精时间

正确的输精时间是受胎的关键。输精时间过早，精子等待卵子受精的时间过长，精子处于衰弱状态，受精率低；输精时间过晚，卵子等待精子受精的时间过长，受精率也低。最适宜的输精时间是母牛发情的末期，也就是在母牛爬跨后 8~12 小时进行第一次输精，间隔 8~12 小时再进行第二次输精。由于水牛的发情持续时间长，范围大，输精时间难掌握。一般应掌握上午发情当日下午输精，间隔 8~12 小时再输精一次；下午发情隔日上午输精，间隔 8~12 小时再输精一次。一个情期两次输精，能够保证有较好的受胎率。根据大理州水牛试验示范场的资料，摩拉牛与本地水牛的杂交后代，发情第 3~4 天排卵的约占 70%。采取第一天发情，第二天、第三天、第四天各输精一次，每个情期输精三次，每次输一剂细管冻精，可获得较高的受胎率，平均受胎率达 66%。

（四）输精部位

输精部位过浅，精子通过子宫颈消耗过大，不利于受精；输精部位过深，容易损伤子宫体和子宫角的黏膜，影响激素的分泌，不利于受精卵的着床。正确的输精部位是子宫颈内口 1 厘米处。

（五）人工授精方法

人工授精方法有开膣器输精法和直肠把握输精法。

1. 开膣器输精法

把牛在输精架内保定好，清洗母牛的外生殖器并用高锰酸钾溶液消毒。输精员用右手持开膣器，缓慢插入阴道，然后轻轻转动并开张，助手用电光帮助找到子宫颈口，将输精器插入子宫颈口内 1~3 厘米，推压输精器活塞进行输精。用此方法输精，受胎率低，一般不采用。

2. 直肠把握子宫颈输精法

把牛在输精架内保定好，清洗母牛的外生殖器并用高锰酸钾溶液消毒。输精员左手指甲剪短磨光或涂上润滑剂，手指合拢成圆锥形，以螺旋钻似的动作，从肛门缓慢插入直肠，握住子宫颈。右手把输精器尖端自阴门向上斜插入阴道4～5厘米，再稍向下方往前缓慢推进。当输精器尖端抵达子宫颈口时，在左右手的相互配合下，把输精器尖端插入子宫颈内口1厘米，即可推压输精器活塞进行输精。输精后要按摩牛的腰部，防止精液外流。在输精过程中遇到牛努责厉害时，可握着子宫颈向前推，使肌肉松弛，利于输精器插入。青年母牛的子宫颈细小，一般离阴门较近；老龄母牛的子宫颈粗大，子宫往下沉入腹腔，输精时应向后向上提，左手握子宫颈时不可过前，应把握在颈口处，否则颈口游离下垂，输精器不易插入，必要时可用左手拇指定位引导。用此方法输精，受胎率高，普遍采用，但难度大，要求高。

四、冻精的保存和运输

冻精必须保存在–196℃的液氮罐中，在冻精的保存和运输过程中必须注意以下几个问题：

（一）液氮的特性

液氮是无色、无味、无毒的透明液体，每升重0.808千克，它具有超低温性，能抑制精子代谢，使之能够长期保存。

（二）液氮罐的使用和保养液

氮罐要专罐专用、专人保管，液氮只剩1/3时就应该及时补充。液氮罐不许横放、倒置，搬运时要注意保护抽气嘴和内胆。每年清洗一次，以免水分沉积，杂菌增生。方法为液氮倒完以后，在常温下放2～3天，待罐内温度与常温一致，用40～50℃温水溶解中性洗涤剂清洗，然后用清水冲洗干净，自然干燥2～3天，就可备用。存有冻精的液氮罐每周称重一次。

五、冻精的取放和转移

在取冻精时，装冻精的提筒不能超过液氮罐的颈部，取冻精的时间不能超过10秒，转移冻精时，冻精在空气中暴露时间不超过5秒。

第五节　妊娠与分娩

胚胎在母牛体内的发育过程叫妊娠。妊娠是从卵子受精开始到发育成熟的胎儿出生为止。

一、妊娠

（一）妊娠期的计算

黄牛280天，月减3，日加5。水牛的妊娠期平均约310天，范围为300～315天。根据大理州水牛试验示范场的资料，摩拉牛与本地水牛的杂交后代，妊娠期范围为302～360天，但是约80%的母牛妊娠期为310～320天，公犊的妊娠期比母犊的稍长。

（二）妊娠检查

熟练掌握母牛妊娠检查常用的三种方法，即外部观察法、阴道检查法和直肠检查法，三种方法综合运用，判断母牛是否妊娠，若妊娠要做好保胎工作。发现空怀母牛要及时配种。

1. 外部观察法

母牛配种以后约一个发情周期，不再发情，且有食欲增强和经常到水槽边饮水的现象。怀孕一个月左右，随营养状况的改善，膘度增加、性情温驯、举止慎重，尤其是在中后期。妊娠中、后期，嗜食矿物质饲料。怀孕五个月以后，腹围增加，右腹壁膨大或下垂，乳房增大。分娩前一个月，乳房膨大，并可挤出黄色胶样乳汁。怀孕后期，排粪、排尿次数增加。

2. 阴道检查法

在配种后一个月，用开膣器插入阴道，妊娠者感到有阻力、干涩，阴道黏膜苍白、无光泽，子宫颈口偏向一侧、紧密闭锁，并有灰暗、浓稠的黏液栓塞封闭。

3. 直肠检查法

这是检查母牛是否妊娠的既简易又准确的方法。将手洗净，涂上润滑剂，插入母牛肛门，从直肠中触摸胎儿、子宫、子宫中动脉等组织器官，并根据卵巢上的黄体大小和子宫位置及孕角的质地变化来确定是否妊娠。妊娠3个月以后，两子宫角显著不对称，角间沟消失；妊娠5个月以后，子宫垂入腹腔，不容易摸到胎儿。

（三）保胎

母牛妊娠以后要做好保胎工作，以防止流产。加强饲养管理，不要驱赶和打牛，防止母牛在泥泞、较滑的路面上行走。直肠检查时，动作要轻柔，不可粗鲁。

二、分娩

（一）分娩征候

母牛邻近分娩时，身体发生一系列变化。掌握这些变化，可以比较准确地预测分娩时间，从而及时做好接产的准备，保证安全产犊。

（1）阴道变化：阴道黏膜潮红，黏液增多、湿润，阴道变得松弛，堵在子宫颈口的黏液变软、流出，流到阴门外。

（2）乳房变化：乳房膨大，能挤出少量初乳。

（3）阴门变化：阴唇肿胀、柔软、皮肤褶皱展平，有充血现象，从阴门流出黏液。

（4）其他变化：产前食欲减退，当食欲停止、时起、时卧、时时回顾腹部时，为即将分娩的症状。

（二）接产

为保证产犊前不发生差错，要在母牛临产前做好接产的准备工作。要在适当时机给孕牛助产，不可过早过晚。当牛胎泡露出后，应检查胎儿的位置、方向和姿势，一般正产是两前肢夹着头先出来。要避免过早破水，在头部露出后，羊膜仍未破裂者，应将其撕破，并擦去胎儿鼻和口腔内的黏液。

三、母牛分娩后的发情和配种

母牛分娩后，经过一段时间的休息，又出现发情现象。一般母水牛分娩以后 30 天就出现发情现象，但是此时母牛的身体和子宫还没有完全恢复，不宜配种妊娠。一般在母水牛分娩 60 天以后发情就可以配种，因为此时母牛的身体和子宫已经完全恢复，已经具备再次妊娠的条件。根据大理州水牛试验示范场的资料，摩拉牛与本地水牛的杂交后代，一般母水牛分娩以后 20 ~ 50 天就出现发情现象，大多数集中在 20 ~ 30 天以内发情，此时不宜配种妊娠。一般在母水牛分娩后 60 天左右发情就可以配种，而且受胎率高。

四、产犊间隔

产犊间隔是指两次产犊之间相隔的时间，是衡量母水牛繁殖力的一个重要指标，由于影响水牛产犊间隔的因素比较多，所以水牛产犊间隔较长，为 390 ~ 530 天或更长。根据大理州水牛试验示范场的资料，摩拉牛与本地水牛的杂交后代，产犊间隔为 354 ~ 1289 天，400 天以内的占 76.2%，1000 天以上的占 23.8%。

第六节　器械消毒的主要方法

人工授精器材必须彻底消毒。消毒不严，细菌和微生物污染了精液，不但影响精液质量，而且也是造成母畜不孕的重要因素。

人工授精器材的消毒主要用物理消毒法（如煮沸、蒸气、干热、紫外线等），部分器材可用化学消毒法（如酒精）。

（1）煮沸消毒：一般采用100℃沸水煮15分钟消毒。在消毒过程中，沸水应淹没消毒器皿。

（2）蒸气消毒：一般应在水开后蒸30分钟以上。

（3）干热消毒：使用电热干燥灭菌器，温度达到160℃，经过30~60分钟才能达到消毒目的的。

（4）紫外线消毒：适用橡胶、塑料、玻璃器材。

（5）酒精消毒：适用橡胶、塑料、金属器材。

第七节 水牛繁殖技术进展

随着科学技术的不断发展，我国在提高水牛繁殖方面取得了许多研究成果，极大地促进了水牛业的发展。

（1）同期发情：利用某些激素诱使水牛在几天之内同时发情配种。利用同期发情，可以提高水牛人工授精工作效率，节约经费。但水牛同期发情的效果不如黄牛。黄牛同期发情，第一情期受胎率可达50%~60%，而水牛同期发情，第一情期受胎率一般为25%~40%，效果差的不到20%。

（2）胚胎移植：用一定的方法从经过超排处理的少数供体母牛中获得胚胎，将胚胎移植到经过同期发情处理的另一群受体母牛，使其怀孕产犊。在自然情况下，母水牛一生只能产十几头牛犊，如果采用超速排卵和胚胎移植技术，母水牛的一生就可留下至少几十倍的后代。20世纪80年代中期，印度率先通过超速排卵进行胚胎移植工作，居于世界前列。目前，我国广西水牛研究所在水牛胚胎移植方面已经取得了可喜的成果。

（3）体外受精：利用水牛的卵巢卵母细胞，在体外培养成熟，再经过体外受精，直到受精卵在体外培养成为囊胚后，再移植到受体母牛体内，使其繁育的一项高新生物技术。印度1991年生产出全世界第一头试管水牛。日本1992年生产出一头试管水牛。中国1993年生产出一头试管水牛。目前，我国广西水牛研究所在水牛体外受精领域的研究取得了许多成果，开创了我国水牛繁殖技术的新局面。

第十一章　水牛奶加工技术

随着人民生活水平的不断提高，对优质安全的奶制品需求将越来越大，水牛奶就是一种优质的奶源，经加工的水牛奶制品以其丰富的营养、独特的风味、绿色安全的品质，倍受人们的青睐。

全国挤奶水牛 3 万多头，年产水牛奶 3.5 万 ~ 4 万吨。到 2005 年，全国涉及水牛奶加工的企业共 18 家，其中 11 家加工水牛奶，7 家水牛奶和荷斯坦牛奶综合加工。加工的水牛奶占水牛奶总产量的 20% 左右，主要产品为巴氏奶、发酵酸奶、传统乳制品（姜汁奶、奶饼、奶粒）等。

第一节　水牛奶的主要成分

奶是哺乳动物分娩后由乳腺分泌的一种白色或微黄色的不透明液体。它含有幼儿生长发育所需要的全部营养成分，是哺乳动物出生后最适于消化吸收的全价食物。

牛奶中的成分十分复杂，至少含有上百种化学成分，主要包括水分、脂肪、蛋白质、乳糖、盐类、维生素、酶类等。与其他家畜奶相比，水牛奶的营养成分更加丰富，具体见表 11-1。

表 11–1　水牛奶与其他家畜奶的成分　（单位：%）

畜种	水分	脂肪	蛋白质	乳糖	矿物质	总干物质
中国水牛	78.04	11.00	5.30	4.80	0.86	21.96
改良水牛	85.6	7.00	4.10	4.80	0.86	16.40
荷斯坦牛	87.3	3.75	3.40	4.75	0.80	12.70
黄牛	83.42	5.85	4.34	5.63	0.76	16.58
牦牛	82.65	5.91	5.24	5.41	0.79	17.35
山羊	87.19	4.00	3.40	4.61	0.80	12.81
绵羊	83.04	6.14	5.15	4.73	0.94	16.96
马	89.00	2.00	2.00	6.70	0.30	11.00
大理改良水牛	80.95	8.29	5.07	5.01	未测定	19.05

正常水牛奶的成分和性质基本稳定，当水奶牛受到饲养管理、疾病、气温以及其他各种因素的影响时，奶的成分和性质往往会发生一定的变化。

1. 水分

水分是牛奶的主要组成部分，因品种、个体、产奶量、泌奶阶段和季节的差异而在一定范围内波动。

2. 脂肪

乳脂肪（milkfatorbutterfat）是水牛奶的主要成分之一，本地水牛奶乳脂肪含量一般为 9% ~ 11%，据大理州测定，摩本杂交水牛奶的乳脂肪为（8.29 ± 2.67）%，比荷斯坦牛奶的乳脂肪高一倍以上。乳脂肪对牛奶风味起着重要的作用。乳脂肪以脂肪球的形式分散于奶中。脂肪球的大小依奶牛的品种、个体、健康状况、泌奶期、饲料及挤奶情况等因素而异，荷斯坦牛奶的脂肪球直径通常为 0.1 ~ 10 微米，平均为 4.55 微米，水牛奶的脂肪球直径平均为 5.62 微米。

3. 蛋白质

蛋白质（protein）是生命和机体的重要物质基础，本地水牛奶蛋白质含量一般为 4.5% ~ 5.86%，据大理州测定，摩本杂交水牛奶的蛋白质含量为（5.07 ± 0.66）%，显著高于荷斯坦牛奶。水牛奶蛋白质主要有酪蛋白、白蛋白和球蛋白，其中酪蛋白含量高达 83%，水牛奶中的酪蛋白主要以胶粒状态存在，几乎不含可溶性酪蛋白，并且比荷斯坦牛奶酪蛋白胶粒（90 纳米）大，达 135 纳米，有利于奶凝集形成弹性胶体状态和良好的蛋白网络结构，适合于生产干酪制品。另外，水牛奶中必需氨基酸含量比荷斯坦牛奶丰富，高达 22%，这也是水牛奶的加工优势，其成品率高于荷斯坦牛奶。

4. 乳糖

乳糖是奶类中的一种特有糖类，由一分子的葡萄糖和一分子的半乳糖组成，在水牛奶中的含量为 4.8%，因为乳糖和矿物质要保持奶的渗透压稳定，所以它的含量变化不大。乳糖有两种形式：α 乳糖和 β 乳糖，可以相互转化。乳糖在乳酸菌作用下产生乳酸，发酵乳制品生产就是利用这一特性。

5. 矿物质（灰分）和微量元素

每升牛奶中约含 7～7.5 克矿物质，每升水牛奶中则含 7.8～8.9 克矿物质，钙和磷是灰分的主要成分。20% 的钙和磷与酪蛋白结合形成酪蛋白酸—磷酸钙复合体，大约 1/3 的镁也与酪蛋白结合，50% 多的钙是以胶体无机钙存在，剩余 30% 是以钙离子形式溶解在奶中。奶中的矿物质含量比较稳定，受季节和饲料的影响较小。

6. 维生素

水牛奶维生素 A 的含量与荷斯坦牛奶相近，维生素 B_1、维生素 P、维生素 H、维生素 B_{12}、维生素 C 等含量高于荷斯坦牛奶，维生素 B_2、维生素 B_3、维生素 B_6 则比荷斯坦牛奶稍低。

第二节　水牛奶的物理特性

1. 色泽

正常的新鲜的水牛奶呈不透明的白色。奶的白色是由于奶中的酪蛋白酸钙，磷酸钙胶粒及脂肪球等微粒对光的不规则反射所产生。荷斯坦牛奶呈不透明的奶白色或淡黄色，是由于牛奶中的脂溶性胡萝卜素和叶黄素使奶略带淡黄色，而水溶性的核黄素使奶清呈荧光性黄绿色。水牛奶中不含胡萝卜素，而呈白色。

2. 滋味与气味

牛奶中含有挥发性脂肪酸及其他挥发性物质，这些物质是牛奶气味的主要构成成分。这种香味随温度的升高而加强，牛奶经加热后香味强烈，冷却后减弱。纯净的新鲜水牛奶滋味稍甜，这是由于含有奶糖。奶中因含有氯离子而稍带咸味。常奶中的咸味因受奶糖、脂肪、蛋白质等所调和而不易觉察，但异常奶如乳房炎奶中氯的含量较高，故有浓厚的咸味。奶中的苦味来自 Me^{2+}、Ca^{2+}，而酸味是由柠檬酸及磷酸所产生。

3. 比重和密度

牛奶的比重是指牛奶在 15℃时的质量与同温度下同体积水的质量之比。正常牛奶比重为 1.028 ~ 1.032，水牛奶比重为 1.028 ~ 1.034，平均 1.031，比牛奶稍高。

牛奶的密度是指牛奶在 20℃时的质量与同体积 4℃水的质量之比。在同温度下牛奶的密度较比重小 0.0019，奶品生产中常以 0.002 的差数进行换算。

牛奶的比重、密度受牛奶温度的影响较大，温度升高则测定值下降，温度下降则测定值升高。在 10 ~ 30℃范围内，牛奶的温度每升高或降低 1℃实测值减少或增加 0.002。因此，在牛奶比重、密度的测定中，必须同时测定的牛奶温度，并进行必要的校正。

4. 酸度

酸度是反映牛奶的新鲜度和热稳定性的重要指标。奶酸度越高，新鲜度和热稳定性就越低。固有酸度或自然酸度主要由牛奶的蛋白质、柠檬酸盐、磷酸盐及二氧化碳等酸性物质所造成，奶在微生物的作用下奶糖发酵产生奶酸，导致奶的酸度逐渐升高。由于发酵产酸而升高的这部分酸度称为发酵酸度。固有酸度和发酵酸度之和称为总酸度。一般条件下，奶品工业所测定的酸度就是总酸度。正常新鲜水牛奶的 pH 值为 6.7 ~ 6.9，高于牛奶（pH 值为 6.5 ~ 6.7）。

滴定酸度可以及时反映出奶酸产生的程度，而 pH 值反映的是奶的表观酸度，两者不呈现规律性的关系。因此，生产中广泛地采用测定滴定酸度来间接掌握奶的新鲜度，正常新鲜水牛奶的吉尔涅尔度为 14.8° T，而牛奶为 16 ~ 18° T。

5. 黏度

水牛奶的黏度在 20℃时为 1.16 ~ 1.42Pa · s（帕斯卡 · 秒，后同），荷斯坦牛奶的黏度为 0.0015 ~ 0.002Pa · s。脂肪及蛋白质对黏度的影响最显著，水牛奶脂肪、蛋白质的含量高，因此黏度也高。牛奶的黏度随温度升高而降低，在加工中黏度受脱脂、杀菌、均质等操作的影响。

6. 冰点

水牛奶的冰点一般为 –0.544℃，牛奶中的奶糖和盐类是导致冰点下降的主要因素。正常的牛奶其奶糖及盐类的含量变化很小，所以冰点很稳定，在牛奶中掺水可使奶的冰点升高，加入 1% 的水，奶的冰点可上升 –0.0054℃，可根据冰点测定结果，用公式来推算掺水量。

$$掺水量（\%）= \frac{正常奶冰点 - 被检奶冰点}{正常奶冰点}$$

酸败牛奶的冰点会降低，所以测定冰点时要求牛奶的酸度必须在20℃以内。

第三节　鲜奶的验收和处理

一、原料奶的验收

1. 感官检验

感官检验主要是进行嗅觉、味觉、外观、尘埃等的鉴定。

正常新鲜水牛奶为奶白色，不得含有肉眼可见的异物，不得有红、绿等异色，具有新鲜牛奶固有的香味，无其他异味，不能有苦、涩、咸的滋味和饲料、青贮、霉变等异味。

2. 理化指标

原料水牛奶尚无统一标准，参照我国农业农村部颁布的《无公害食品生鲜牛乳》行业标准，原料水牛奶验收时的理化指标见表11-2。

表11-2　原料水牛奶验收时的理化指标

项目	指标
相对密度（20℃/4℃）	≥1.028~1.034
脂肪（%）	≥7.0
蛋白质（%）	≥4.0
干物质（%）	≥16.5
酸度（°T）	≤18.0
杂质度（毫克/千克）	≤4.0

3. 细菌指标和其他要求

菌落总数，CFU/毫升≤500000。

奶品收购单位还规定有下述情况之一者不得收购：产犊前15天内的末奶和产犊后7天内的初奶；牛奶中有肉眼可见杂质者；牛奶中有凝块；用抗生素或其他对牛奶有影响的药物治疗期间，母牛所产的奶和停药后3天内的奶；添加有防腐剂、抗生素和其他任何有碍食品卫生的奶。

4. 奶成分的测定

近年来，随着分析仪器的发展，奶品检测方法出现了很多高效率的检验仪器。如采用光学法测定乳脂肪、乳清蛋白、乳糖及总干物质，并已开发使用各种微波仪器。目前，常用的有丹麦福斯设备，国产优创设备。

二、原料水牛奶的质量控制及初步处理

1. 过滤与净化

（1）过滤

挤下的牛奶必须及时进行过滤。过滤的方法，可用纱布过滤，也可以用过滤器进行过滤。过滤器具、介质必须清洁卫生，及时清洗杀菌。

（2）净化

为了达到最高的纯净度，一般采用离心净奶机净化。

2. 冷却

刚挤下的牛奶温度 36℃左右，是微生物繁殖最适宜的温度，故新挤出的牛奶，经净化后须冷却到 4℃左右。冷却对牛奶中微生物有抑制作用。冷却的方法有水池冷却、浸没式冷却器冷却、冷排和板式热交换器冷却、冷剂贮奶罐冷却。

3. 储存

冷却后的牛奶应尽可能保持低温，以防止温度升高保存性降低。因此，储存原料牛奶的设备，要有良好的制冷绝热保温功能，并配有适当的搅拌机构，定时搅拌牛奶液以防止牛奶脂肪上浮而造成分布不均匀，贮罐要求保温性能良好，一般牛奶经过 24 小时储存后，牛奶温上升不得超过 2～3℃。贮牛奶罐使用前应彻底清洗、杀菌，待冷却后贮入牛奶。

4．运输

在奶源分散的地方，多采用牛奶桶运输，奶源集中的地方，采用奶槽车运输。无论采用哪种运输方式，都应注意防止牛奶在途中升温，采用的容器须保持清洁卫生，并加以严格杀菌，必须装满盖严，以防震荡，长距离运送牛奶时，最好采用牛奶槽车。

第四节　水牛奶加工

一、巴氏消毒奶加工

巴氏杀菌是指杀死引起人类疾病的所有病原微生物及最大限度破坏腐败菌和奶中酶的一种加热方法，以确保其安全性。

巴氏消毒奶工艺流程如下：

原料奶的验收→过滤净化→标准化→均质→杀菌→冷却→灌装→检验→冷藏→销售

1. 原料奶的验收和分级

消毒奶的质量决定于原料奶。只有符合标准的原料奶才能生产消毒奶。

2. 过滤或净化

目的是除去奶中的尘埃、杂质。

3. 标准化

标准化的目的是保证牛奶中含有规定的最低限度的脂肪。各国牛奶标准化的要求有所不同。一般说来，低脂奶含脂率为 0.5%，普通奶为 3.0%。我国规定消毒奶的含脂率为 3.0%，凡不合乎标准的奶都必须进行标准化。由于水牛奶含脂率较高，可用乳脂分离机分离部分脂肪。

4. 均质

均质就是把牛奶中的脂肪球在强力的机械作用下破碎成小的脂肪球，以防止脂肪上浮分离，从而改善牛奶的消化吸收。水牛奶脂肪球较大，均质更有必要。通常进行均质的温度为 60℃左右，均质压力为 16 ~ 18 兆帕。

5. 巴氏杀菌

加热杀菌形式很多，一般牛奶高温短时巴氏杀菌的温度通常为 75℃，持续 15 ~ 20 秒；或 80 ~ 85℃，持续 10 ~ 15 秒。

6. 冷却

经杀菌后，绝大部分微生物都已消灭，但在以后各项操作中仍有被污染的可能。为了抑制牛奶中细菌的发育，延长保存期，需及时将奶冷却至 4℃左右。

7. 灌装

灌装容器主要为玻璃瓶、乙烯塑料瓶、塑料袋和涂塑复合纸袋等。

8. 冷藏

灌装好的消毒奶，应尽快包装入箱或装入周转箱，立即送到 4 ~ 6℃的冷库冷藏。分销运输也必须在冷链条件下进行。

二、超高温灭菌（UHT）水牛奶加工

经过灭菌的水牛奶产品具有极好的保存特性，可在较高的温度下长期储藏，能向较远的热带地区市场推销灭菌乳制品。

超高温灭菌奶是在连续流动情况下，135～150℃杀菌4～15秒，然后在无菌条件下包装的牛奶。系统中的所有设备和管件都是按无菌条件设计的，这就消除了重新污染细菌的危险性。

加工工艺包含以下内容：

1. 原料的质量和预处理

用于灭菌的牛奶必须是高质量的，即牛乳中的蛋白质能经得起剧烈的热处理而不变性。另外，牛奶的细菌数量，特别对热有很强抵抗力的芽孢及数目应该很低。

2. 灭菌工艺

下面以管式间接UHT乳生产为例说明灭菌工艺：

①预热和均质：牛奶从料罐泵送到超高温灭菌设备的平衡槽，由此进入到板式热交换器的预热段与高温奶热交换，使其加热到约66℃，同时无菌奶冷却，经预热的奶在15～25兆帕的压力下均质。

②杀菌：经预热和均质的牛奶进入板式或管式热交换器的加热段，在此被加热到137℃，温度由蒸汽喷射予以调节。加热后，牛奶在保持管中流动4秒。

③无菌冷却：牛奶离开保温管后，进入无菌预冷却段，用水从137℃冷却到76℃。进一步冷却是在冷却段靠与奶热交换完成，最后冷却温度要达到约20℃。

④无菌包装：杀菌后的牛奶，在无菌条件下装入事先杀过菌的容器内。可供牛奶制品无菌包装的主要设备：无菌砖形盒包装机、无菌枕形包装机、无菌菱形袋包装机及其他包装设备。

三、酸奶的加工

1. 酸奶工艺流程

（1）凝固型酸奶工艺流程

原料奶验收→过滤、净化→标准化→均质→杀菌→加糖、稳定剂→降温→接种→灌装→发酵→冷藏成熟→凝固型酸奶成品

（2）搅拌型酸奶工艺流程

原料奶验收→过滤、净化→标准化→均质→杀菌→加糖、稳定剂→降温→接种→发酵→冷却、搅拌、混合→灌装→冷藏→搅拌型酸奶成品

2. 原辅料要求及预处理方法

（1）原料奶的质量要求

①用于生产酸奶的原料奶必须是高质量的，要求酸度在 18° T 以下，杂菌数低于 50 万个 / 毫升，非乳脂固体 8.2% 以上，不能采用初乳、末乳和乳房炎乳。

②原料奶中不能含有抗生素、防腐剂和磺胺类化合物。

（2）酸奶生产中使用的辅料

①在搅拌型酸奶生产中，通常添加稳定剂。常用的稳定剂有明胶，果胶和琼脂，其添加量应控制在 0.1% ~ 0.5%。

②在酸奶生产中，常添加 6.5% ~ 8% 的蔗糖或葡萄糖。在搅拌型酸奶中常常使用果料及调香物质，如果酱等。在凝固型酸奶中很少使用果料。

（3）配合料的预处理

①均质：均质处理可使原料充分混匀，有利于提高酸奶的稳定性和稠度，使酸奶质地细腻、口感良好。均质所采用的压力一般为 20 ~ 25 兆帕。

②杀菌：杀灭原料奶中的杂菌，确保乳酸菌的正常生长和繁殖，纯化原料奶中对发酵菌有抑制作用的天然抑制物，使牛奶中的乳清蛋白变性，以达到改善组织状态，提高黏稠度和防止成品乳清析出的目的。杀菌条件一般为：90 ~ 95℃，5 ~ 10 分钟。

（4）接种

杀菌后的奶应马上降温到 45℃左右，以便接种发酵剂。接种量根据菌种活力、发酵方法、生产时间的安排和混合菌种配比而定。一般生产发酵剂，其产酸活力为 0.7% ~ 1.0%，此时接种量应为 2% ~ 5%。

3. 凝固型酸奶的加工及质量控制

①灌装：可根据市场需要选择玻璃瓶或塑料杯，在装瓶前需对玻璃瓶进行蒸汽灭菌，一次性塑料杯可直接使用。

②发酵：用保加利亚乳杆菌与嗜热链球菌的混合发酵剂时，温度保持在 41 ~ 42℃，培养时间 2.5 ~ 4.0 小时（2% ~ 5% 的接种量）。达到凝固状态时即可终止发酵

③冷却：发酵好的凝固酸奶，应立即移入 2 ~ 4℃的冷库中，迅速抑制乳酸菌的生长，以免继续发酵而造成酸度升高。通常把该储藏过程称为后成熟，一般为 12 小时，之后便可配送出售。

4. 搅拌型酸奶的加工及质量控制

搅拌型酸奶的加工工艺及技术要求基本与凝固型酸奶相同，其不同点主要是搅拌型酸奶多了一道搅拌混合工艺，根据加工过程中是否添加果蔬料或果酱，搅拌型酸奶可分为天然搅拌型酸奶和加料搅拌型酸奶。下面只对与凝固型酸奶的不同点加以说明。

①发酵：搅拌型酸奶的发酵是在发酵罐中进行的，应控制好发酵罐的温度，避免忽高忽低。发酵罐上部和下部温差不要超过1.5℃。

②冷却：搅拌型酸奶冷却的目的是快速抑制细菌的生长和酶的活性，以防止发酵过程产酸过度及搅拌时脱水。冷却在酸奶完全凝固（pH值4.6～4.7）后开始，冷却过程应稳定进行，冷却过快将造成凝块收缩迅速，导致乳清分离；冷却过慢则全造成产品过酸和添加果料的脱色。搅拌型酸奶的冷却可采用片式冷却器、管式冷却器、表面刮板式热交换器、冷却罐等。

③搅拌：通过机械力破碎凝胶体，使凝胶体的粒子直径达到0.01～0.4毫米，并使酸奶的硬度和黏度及组织状态发生变化。在搅拌型酸奶的生产中，这是道重要工序。

④混合、罐装：果蔬、果酱和各种类型的调香物质等，可在酸奶自缓冲罐到包装机的输送过程中加入，在果料处理中杀菌是十分重要的，对带固体颗粒的水果或浆果进行巴氏杀菌，其杀菌温度应控制在能抑制一切有生长能力的细菌，而又不影响果料的风味和质地的范围内。酸奶可根据需要，确定包装量和包装形式及灌装机。

⑤冷却、后熟：将灌装好的酸奶存于2～7℃冷库中冷藏24小时进行后熟，进一步促使芳香物质的产生和黏稠度的改善。

四、奶油加工

奶油也叫作黄油，是将水牛奶中分离出的稀奶油经杀菌、冷却、成熟、搅拌、压炼而制成的乳制品。水牛奶脂肪含量高，脂肪球直径比荷斯坦牛奶大，易于分离稀奶油。

1. 奶油生产工艺流程

脱脂奶
↑
原料奶→离心法分离→稀奶油→中和→杀菌→发酵→成熟→添加色素→搅拌→洗涤→加盐→压炼→包装

2. 工艺要点

（1）原料奶的验收及质量要求

制造奶油用的原料乳必须是从健康牛挤下来的正常乳。

（2）原料奶的初步处理

经过过滤、净乳，其过程同前所述，而后冷藏并标准化。

乳脂分离及标准化。生产奶油时必须将牛乳中的稀奶油分离出来，工业化生产采用离心法分离。水牛奶含脂率较高，稀奶油产出率高。在加工前必须将稀奶油进行标准化。用间歇法生产新鲜奶油及酸性奶油时，稀奶油的含脂率以30%～35%为宜；以连续法生产时，规定稀奶油的含脂率为40%～45%。夏季由于容易酸败，所以用比较浓的稀奶油进行加工。

（3）中和

酸度在0.5%（55°T）以下的稀奶油可中和至0.15%（16°T）；酸度在0.5%以上的稀奶油可中和至0.15%～0.25%，以防止产生特殊气味和稀奶油变稠。

（4）真空脱气

首先将稀奶油加热到78℃，然后输送至真空机，真空室内稀奶油的沸腾温度62℃左右。通过真空处理可将挥发性异味物质除掉，也会使其他挥发性成分逸出。

（5）杀菌

杀菌一般采用85～90℃的高温巴氏杀菌，但热处理不应过分强烈，以免引起蒸煮味。经杀菌后冷却至发酵温度或成熟温度。

（6）细菌发酵

发酵剂的制备与发酵奶所述的相同，发酵剂菌种为丁二酮链球菌、乳脂链球菌、乳酸链球菌和柠檬明串珠菌。发酵剂必须是高活力的，在温度为20℃时，7小时后产酸达30°T，10小时以后产酸应达45～50°T，当稀奶油的非脂部分的酸度达到90°T时发酵结束。发酵剂的添加量为1%～5%，一般随碘值的增加而增加。发酵与物理成熟同时在成熟罐内完成。

（7）稀奶油的热处理及物理成熟

稀奶油经加热杀菌融化后，要冷却至奶油脂肪的凝固点，以使部分脂肪变为固体结晶状态，这一过程称之为稀奶油物理成熟，成熟通常需要12～15小时。

（8）添加色素

对照“标准奶油色”的标本，调整色素的加入量，添加色素通常在搅拌前直接加到搅拌器中的稀奶油中。

（9）搅拌

将成熟后的稀奶油置于搅拌器中，利用机械的冲击力，使脂肪球膜破坏而形成奶油颗粒，这一过程称为搅拌。

（10）洗涤

稀奶油经搅拌形成奶油粒后，排出酪乳，用经过杀菌冷却后的水注入搅拌器中进行洗涤。通过洗涤可以除去残留的酪乳，提高奶油的保藏性。

（11）加盐

加盐的目的是为了增加风味，抑制微生物的繁殖，提高奶油的保藏性。但酸性奶油一般不加盐。

（12）压炼

由稀奶油搅拌产生的奶油粒，通过压制而凝结成特定结构的团块，该过程称为奶油的压炼。

（13）包装

奶油通常有 5 千克以上大包装和 10 ~ 5000 克的小包装。根据包装的类型，使用不同种类的包装机器。外包装材料最好选用防油、不透光，不透气、不透水的包装材料，如复合铝箔、马口铁罐等。

（14）储藏

奶油包装后，应送入冷库中储藏，在 4 ~ 6℃的冷库中储藏期一般不超过 7 天；0℃冷库中，储藏期 2 ~ 3 周；当储藏期超过 6 个月时，应放入 –15℃的冷库中，当储藏期超过 1 年时，应放入 –25 ~ –20℃的冷库中。

五、奶粉生产

奶粉生产工艺流程：

原料验收→预处理与标准化→浓缩→喷雾干燥→冷却储存→包装→成品

（1）原料奶的验收及预处理

参照巴氏杀菌奶。

（2）配料

奶粉生产过程中，除了少数几个品种（如全脂奶粉、脱脂奶粉）外，都要经过配料工序，其配料比例按产品要求而定。配料时所用的设备主要有配料缸、水粉混合器和加热器。

（3）均质

生产全脂奶粉、全脂甜奶粉以及脱脂奶粉时，一般不必经过均质操作，但若奶粉的配料中加入丁植物油或其他不易混匀的物料时，就需要进行均质操作，均质时的压力一般控制为 14～21 兆帕，温度控制为 60℃为宜。

（4）杀菌

目前，最常见的是采用高温短时灭菌法，因为使用该方法牛奶的营养成分损失较小，奶粉的理化特性较好。

（5）真空浓缩

牛奶经杀菌后立即泵入真空蒸发器进行减压（真空）浓缩，除去牛奶中大部分水分（65%），然后进入干燥塔中进行喷雾干燥，以利于产品质量和降低成本。

（6）喷雾干燥

浓缩乳中仍然含有较多的水分，必须经喷雾干燥后才能得到奶粉。

（7）冷却

在不设置二次干燥的设备中，需冷却以防脂肪分离，然后过筛（20～30 目）后即可包装。在设有二次干燥设备中，奶粉经二次干燥后进人冷却床被冷却到 40℃以下，再经过粉筛送入奶粉仓，待包装。

六、干酪

联合国粮农组织（FAO）和世界卫生组织（WHO）制定了国际上通用的干酪定义：干酪是以牛乳、奶油、部分脱脂乳、酪乳或这些产品的混合物为原料，经凝乳分离乳清而制得的新鲜或发酵成熟的乳制品。干酪的种类很多，通常把干酪划分为天然干酪、融化干酪和干酪食品三大类。国际乳品联合会（IDF）1972 年提出以水分含量为标准，将天然干酪分为硬质、半硬质、软质三大类，并根据成熟的特征或固体物中的脂肪含量来分类的方案。现在习惯上以干酪的软硬度及与成熟有关的微生物来进行分类和区别。

干酪中含有丰富的蛋白质和脂肪，糖类，有机酸，常量矿物元素钙、磷、钠、钾、镁，微量矿物元素铁、锌，以及脂溶性维生素 A、胡萝卜素和水溶性维生素 B_1、维生素 B_2、维生素 B_6、维生素 B_{12}、烟酸、泛酸、叶酸，生物素等多种营养成分。

水牛奶酪蛋白胶粒直径（135 纳米）较牛奶（90 纳米）大，有利于乳凝集形成弹性胶体状态和良好的蛋白网结构，适合于生产干酪乳制品。

（一）天然干酪的一般加工工艺

各种天然干酪的生产工艺基本相同，只是在个别工艺环节上有所差异。下面介绍半硬质或硬质干酪生产的基本工艺。

1. 工艺流程

原料奶→标准化→杀菌→冷却→添加发酵剂→调整酸度→加氯化钙→加色素→加凝乳酶→凝块切割→搅拌→加温→乳清排出→成型压榨→盐渍→成熟→上色挂蜡→成品

2. 工艺要点

（1）原料奶的预处理

生产干酪的原料水牛奶，必须经过严格的检验，要求抗生素检验阴性等。检查合格后，进行原料奶的预处理。

①净乳：采用离心除菌机进行净乳处理，不仅可以除去乳中大量杂质，而且可以将乳中 90% 的细菌除去，尤其对密度较大的菌体芽孢特别有效。

②标准化：为了保证每批干酪的成分均一，在加工之前要对原料乳进行标准化处理，包括对脂肪标准化和对酪蛋白以及酪蛋白与脂肪的比例（C / F）的标准化，一般要求 C / F=0.7。

③杀菌：在实际生产中多采用 63 ~ 65℃、30 分钟的保温杀菌（LTLT）或 75℃、15 秒的高温短时杀菌（HTST）。常采用的杀菌设备为保温杀菌缸或片式热交换杀菌机。

（2）添加发酵剂和预酸化

原料奶经杀菌后，直接打入干酪槽中，待牛奶冷却到 30 ~ 32℃后加入发酵剂。干酪发酵剂可分为细菌发酵剂和霉菌发酵剂。

（3）酸度调整与添加剂的加入

预酸化后取样测定酸度，按要求盐酸调整酸度至 0.20% ~ 0.22%。

为了改善凝乳性能，提高干酪质量，可添加氯化钙来调节盐类平衡，促进凝块形成。黄色色素可以改善和调和颜色，常用胭脂树橙（annato），通常每 1000 千克原料乳中加 30 ~ 60 克，以水稀释约 6 倍，充分混匀后加入。

（4）添加凝乳酶和凝乳的形成

①凝乳酶的添加：用 1% 的食盐水将酶配成 2% 溶液，加入乳中后充分搅拌均匀。

②凝乳的形成：添加凝乳酶后，在 32℃条件下静置 40 分钟左右，使乳凝固。

（5）乳凝块切割

当乳凝块达到适当硬度时进行切割，以有利于乳清脱出。

（6）凝块的搅拌及加温

凝块切割后，若乳清酸度达到 0.17%～0.18% 时，开始用干酪耙或干酪搅拌器轻轻搅拌，搅拌速度先慢后快。与此同时，在干酪槽的夹层中通人热水，使温度逐渐升高。升温的速度应严格控制，开始时，每 3～5 分钟升高 1℃；当温度升至 35℃时，则每隔 3 分钟升高 1℃；当温度达到 38～42℃（应根据干酪的品种具体确定终止温度）时，停止加热并维持此时的温度。在整个升温过程中应不停地搅拌，以促进凝块的收缩和乳清的渗出，防止凝块沉淀和相互粘连。在升温过程中应不断地测定乳清的酸度，以便控制升温和搅拌的速度。

（7）排除乳清

乳清排除时对制品品质影响很大，而排除乳清时的适当酸度依干酪种类而异。乳清由干酪槽底部通过金属网排出。

（8）堆积

乳清排除后，将干酪粒堆积在干酪槽的一端或专用的堆积槽中，上面用带孔木板或不锈钢板压 5～10 分钟，压出乳清使其成块。

（9）成型压榨

将堆积后的干酪块切成方砖形或小立方体，装入成型器中。在内衬网成型器内装满干酪块后，放入压榨机上进行压榨定型。压榨的压力与时间依干酪的品种而定。如果制作软质干酪，则不需压榨。

（10）加盐

加盐的目的是改善干酪的风味、组织和外观，排出内部乳清或水分，增加干酪硬度，限制乳酸菌的活力，调节乳酸生成和干酪的成熟，防止和抑制杂菌的繁殖。加盐的量应按成品的含盐量确定，一般为 1.5%～2.5%。加盐的方法有干腌法、湿盐法和混合法 3 种，因干酪品种不同，加盐方法也不同。

（11）成熟

将生鲜干酪置于一定温度（10～12℃）和湿度（相对湿度 85%～90%）条件下，在乳酸菌等有益微生物和凝乳酶的作用下，经一定时间（3～6 个月）使干酪发生一系列物理和生物化学变化的过程，称为干酪的成熟。成熟的主要目的是改善干酪的组织状态和营养价值，增加干酪的特有风味。

七、云南大理传统乳饼加工

水牛奶乳饼的手工加工工艺，技术新颖实用，针对性强，对有效解决当前水牛奶业开发工作中存在的示范户奶源销路有困难的问题，提高奶水牛饲养经济效益，带动杂交水牛挤奶，加快奶水牛产业发展具有重要指导意义。

乳饼是云南省的传统名特食品，由于乳饼高蛋白，低糖，营养价值高，烹饪方法多样，比较符合当地民众的饮食口味，以水牛奶为原料制作的水牛奶乳饼有以下优点：①水牛奶乳饼外观纯白，富有光泽，并具细腻的质感。②水牛奶乳饼品尝细糯爽滑，鲜香纯正，味道独特，口感极佳。③水牛奶乳饼无膻味。④加工成品率更高，3～3.5 千克水牛奶就能得到 1 千克乳饼。当天制作的水牛奶乳饼，还可辅以白糖或食盐等调料生吃，风味更加独特。目前，水牛奶乳饼已经成为宴席待客佳肴和馈赠亲朋好友的高档营养食品，加工销售水牛奶乳饼市场销路好，经济效益佳。水牛奶乳饼加工工艺如下：

（一）加工用具的准备和压模的制作

家庭加工水牛奶乳饼用具简单，一般家庭均容易具备。

1. 加工用具

必需的加工用具：①炉灶，可用一般家庭煮饭用的灶或蜂窝煤炉。②煮奶锅，可随便选择一口洁净的锅用来煮奶。③棉制手帕或细纱布，用作包裹乳饼并挤压乳饼滤水和成型，若使用印有花纹的印花手帕，则应选择不脱色的手帕，以防乳饼沾上颜色。④装、舀牛奶和酸水用的盆、小桶、勺、瓢，以及捞出凝固乳块时用的漏勺等辅助器具。⑤木制压模，其作用是在加工乳饼滤水成型的过程中，使乳饼能够比较均匀地滤干乳清水，并慢慢地压制成型。

2. 压模的制作

压模用木料制作，结构为两片长方形木板加橡胶圈组成，木板的尺寸为厚约 2 厘米、长约 40～50 厘米、宽约为一块乳饼的宽度，并在每片木板的两端对称地各锯成一个 3 寸 ×2 寸（1 寸≈ 3.33 厘米，全书同）大小的突出小耳朵，再用废旧自行车内胎或别的废旧橡胶料剪成两圈弹性较好的橡胶圈，即可制成。使用时把数块乳饼并排放在压模的木板中间夹住，再在压模两端耳朵上套上橡皮圈固定住，即可利用橡皮圈的弹性慢慢地自然收紧木板，给乳饼不断施加压力，促使乳饼内的水分均匀地排出、滤干。

（二）酸浆水的制备

制作乳饼的过程中需要用酸浆水使牛奶凝固，第一次制作乳饼前要事先调制好酸浆水，首次使用的酸浆水可用醋精或食用柠檬酸来调制。如用醋精兑水的方法来配制时，水和醋精的配比约为 5∶1。以后每次加工时，则用上一次的乳清酸水（即把做乳饼的酸水自然发酵后取上清液）作酸浆，pH 值为 4～5，酸浆水过酸则需加水稀释；若酸度不足时，可再加适量醋精进行调整到合适的 pH 值，或可将每次用过的乳清水放在太阳光下曝晒数小时，亦可增加酸度。

（三）原料奶的准备

制作优质水牛奶乳饼，原料奶必须是当天所产的新鲜水牛奶，并先经过滤和去除杂质。饲养圈舍及挤奶环境应需保持干净和清洁，否则由于水牛奶中不饱和脂肪酸含量较高，容易吸收周围环境的特殊气味，而使乳饼带有不良气味，影响乳饼的品质。

（四）加工方法和步骤

1. 原料奶稀释

加工前先将新鲜原料奶充分混匀，然后用 3～5 层细纱布再过滤一次，更加充分地除去杂质；由于水牛奶的浓度太高，在煮的过程中容易煳锅，以致影响乳饼的色泽、味道及成型，需要加清洁的饮用水对原料奶进行稀释，一般稀释到乳稠计测定 21 度左右即可。

2. 加温煮沸

将稀释好的原料奶放在炉灶上加热至沸腾。煮奶的目的：一是为了使乳蛋白质在高温下容易凝固； 二是要达到消毒的目的。但由于高原地区乳的沸点较低（93℃），高温容易使乳蛋白质糊化，以致使乳饼失去特有的乳香味，影响乳饼的色泽，破坏其中的营养成分。因此，煮奶的温度不必过高，只需煮到 83℃即可。

3. 加酸凝固

在煮好的牛奶中均匀地倒入酸浆水，随着酸水的逐渐加入，锅中的牛奶随之逐渐地凝固，约过 4 分钟左右，等锅里的牛奶全部凝固完毕之后，即可用漏勺将凝乳块依次捞出，并用手帕包裹起来进行滤水和压制成型。加入酸水的数量应掌握在可使牛奶充分凝固完全即可，酸水若加得过多，会使乳饼带有酸味，加得过少又会使牛奶凝固不充分而影响产量，一般经过几次的操作就会很容易掌握酸水的使用量。

4. 滤水成型

手工加工水牛奶乳饼，对乳饼的形状要求不高，制成方形造型即可，为此，将乳凝块捞出后用一方小手帕来包裹；开始时，一边包裹一边揉压，以使水分大量排出，同时随着水分的排出，乳饼也慢慢成形为块状，待到用手隔着手帕挤压已经压不出水分之后，把包裹着的乳饼并排放在木制压模里边，再进一步的滤水成型。

（五）产品的贮藏与上市销售

滤水成型的过程完成之后，乳饼的制作工序即告结束，此时的乳饼即可新鲜食用，并可进行上市销售。新鲜乳饼不经冷藏，当日食用味道最佳。但为延长乳饼在上市销售过程中的保质时间，亦可把乳饼摘去手帕，用塑料食品袋包裹，放置于冰箱的冷藏室（2～4℃）进行保鲜，保质期可长达 10 天以上。

八、其他传统水牛奶制品简介

除以上水牛奶制品外，在我国南方还有一些传统水牛奶制品，简要介绍如下：

1. 双皮奶

双皮奶是广东省的广州、顺德等地的名特小食，是用新鲜水牛奶经加工调制后，使其在碗面和碗底形成明显的两层乳皮，故而得名。

2. 姜汁奶

姜汁奶也称姜撞奶，是利用加热后具有一定温度的水牛奶和一定量的姜汁撞混，使牛奶凝固成即食的乳制品。

3. 奶豆腐

奶豆腐是用一定量的食盐或食醋与奶中蛋白质作用，使之发生凝固，取其凝块做成。

第十二章 水牛常见疾病防治

第一节 口蹄疫

口蹄疫俗名“口疮”“蹄癀”，是偶蹄兽的一种急性发热性高度接触性传染病，其主要特征是口腔黏膜、蹄部和乳房皮肤发生水疱和溃烂。该病感染动物比较广泛，传染性强，且难以控制和消灭，故国际兽疫局（OIE）将该病列为A类动物疾病之首。

1. 病原

口蹄疫病毒属于小RNA病毒科中的口蹄疫病毒属。该病毒有多个血清型，主要有O型、A型、C型、南非Ⅰ型（SAT Ⅰ型）、南非Ⅱ型（SAT Ⅱ）、南非Ⅲ型（SAT Ⅲ型）和亚洲Ⅰ型（Asia Ⅰ型）7个血清型，各型之间由于抗原不同，彼此几乎没有交叉免疫性，但各型在发病时的临床表现完全相同。

口蹄疫病毒在病畜的水疱皮内及其淋巴液中含毒量最高，人工接种很容易使牛感染，接种牛后10～12小时便可出现症状。该病毒对外界环境的抵抗力极强，在污染的毛皮、土壤、料草中可存活数月；在4℃时比较稳定，在-30～-70℃间可存活数年，但对光、热、酸、碱敏感，1%～2%的氢氧化钠、0.2%过氧乙酸、3%～5%的福尔马林等消毒剂都对本病毒有较好的杀灭作用，而食盐、酚、酒精、氯仿等却对口蹄疫病毒不起作用。

2. 流行病学

潜伏期带毒动物和病畜是主要的传染源，而发病初期的病畜则是最危险的传染源。病牛排出的病毒量以舌面水疱皮为最多，其次为粪、乳、尿和呼出的气体中，其他如精液中的含量也能使母牛感染发病。口蹄疫能感染多种（33 种）动物，而以偶蹄兽最易感染，家畜中最易感染的是黄牛、乳牛，其次是水牛、牦牛、猪、羊等。

本病可通过直接接触和间接接触而传播。病毒随鼻分泌物和呼出气排出，可经飞沫或污染的饲料、饮水、工具等传播，而畜产品则是重要的传播媒介。人类主要通过直接接触而感染。口蹄疫的发生没有一定的季节性，只是在不同地区其流行季节有所差异。

3. 症状

自然感染的牛常在感染后 2 ~ 4 天出现症状，最长可达 1 周左右。病牛精神萎靡、食欲减退、闭口、流涎，体温升高达 40 ~ 41℃；发病 1 天之后病牛口角流涎增多，呈白色泡沫状，挂满嘴，开口检查可见病牛唇内、齿龈、舌面和颊部的黏膜上出现蚕豆至核桃大的水疱，病牛采食及反刍完全停止；病畜跛拐，在足趾间皮肤、蹄踵球部、蹄叉、蹄冠以及乳房和乳头上也有水疱出现。不久水疱破溃后形成红色糜烂区，不继发细菌感染时则全身症状逐渐好转，1 周左右即可痊愈；若饲养管理不当，在糜烂部位出现继发性感染化脓，则病情严重，甚至引发蹄匣脱落，再继续恶化便可导致病毒侵害心肌而引起死亡。

4. 病变

除口腔、蹄部的水疱和烂斑外，在咽喉、气管、支气管和前胃黏膜有时可发生圆形烂斑和溃疡；真胃和大小肠黏膜可见出血性炎症；而具有重要诊断意义的是心肌病变，心肌切片上有灰白色或淡黄色斑点或条纹，似老虎身上的斑纹，称为“虎斑心”。

5. 诊断

（1）临床诊断：根据临床特有症状及结合流行病学可做出诊断。

（2）实验室诊断：主要采取牛舌面水疱或小水疱的疱液置于 50% 甘油生理盐水中，送口蹄疫实验室做补体结合试验，或送病畜恢复期的血清做乳鼠中和试验。

6. 防治

（1）预防措施：每年两次进行严格的疫苗免疫（主要是O型和亚洲Ⅰ型苗），无病区禁止从有病地区（或国家）购进动物及其产品，饲料、生物制品等。

（2）扑灭措施：当口蹄疫发生或流行时应立即上报疫情，做出诊断，划定疫点、疫区及受威胁区，并进行相应封锁和监督，禁止物品及人畜流动。在疫区不大、疫点不多、且经济条件许可时，应对病畜进行扑杀后深埋或焚烧处理，并做彻底消毒，对受胁区采取相应毒型、亚型的疫苗，做紧急免疫注射。

第二节　牛巴氏杆菌病

牛巴氏杆菌病主要是由多杀性巴氏杆菌所引起的牛的急性、热性传染病，又名牛出血性败血症，简称“牛出败”。该病常以高温、肺炎、急性胃肠炎，全身各器官广泛出血为特征。

1. 病原

本病的病原为多杀性巴氏杆菌，该菌呈两端钝圆、中央微凸的短杆菌，革兰氏染色阴性，病料组织用瑞氏·姬姆萨氏，染色呈现出两极着色深、中央着色浅的两极杆菌。

该菌对外界抵抗力不强，在干燥空气中仅存活2~3天，在排泄物、分泌物及血液中可存活6~10天，在腐败尸体中最多可存活6个月，在直射阳光下数分钟就能死亡，高温时立即死亡。一般消毒药在常用浓度下即可迅速将其杀死，且对链霉素、青霉素、四环素、土霉素及磺胺类药物敏感。

2. 流行病学

多杀性巴氏杆菌对多种动物（家畜、野兽、禽类）和人均有致病性。以黄牛、牦牛及水牛易感性高，患病牛及带菌牛是要主要传染源。

巴氏杆菌是一种条件性病原菌，多存在病畜体内及健康家畜的呼吸道、喉头、气管中，其正常情况下不具有毒力也不引起发病，只有当条件发生改变时，如气候突变、圈舍通风不良、营养不良、长途运输、寒冷、炎热等条件下，该病菌毒力增强，病菌侵入体内，经淋巴液进入血液而发生内源性传染，致使畜群中发生巴氏杆菌病时常查不出传染源。病畜从排泄物、分泌物中不断排出有毒力的病菌污染饲料、饮水、用具等，并经消化道传染给健康家畜；或通过咳嗽、飞沫经呼吸道传染；或以吸血昆虫为媒介经皮肤、伤口等发生传染。一般情况下，不同畜、禽间不易相互传染。

3. 症状

该病的潜伏期为2～5天，根据症状可分为败血症型、浮肿型和肺炎型三种。

（1）败血型：病初发高烧，体温可达41～42℃，随即出现精神沉郁、食欲、反刍停止、肌肉震颤、呼吸和心跳加快等全身症状。经数小时后患牛表现腹痛、开始下痢，粪便初为粥状，后呈液状，并混有黏液、黏膜片及血液，具有恶臭，部分病例出现鼻漏和血尿。病牛在下痢开始后，体温随之下降，且迅速死亡。病程多为12～24小时。

（2）浮肿型：除了呈现出全身症状外，在病畜的颈部、咽喉部及胸前皮下结缔组织间出现迅速扩展的炎性水肿，同时伴发舌及周围组织的高度肿胀，舌伸于齿外，呈暗红色。患畜呼吸高度困难，皮肤和黏膜普遍发绀，眼红肿、流泪，常因窒息而死。病程多为12～36小时。

（3）肺炎型：主要表现为急性纤维素性胸膜肺炎症状，病牛体温升高，呼吸困难，干咳且痛，流泡沫状鼻液、后呈脓性，初便秘，后腹泻，粪便中混有黏液和血液，可出现血尿，病程一般3～14天。

4. 病变

因败血型而死的，呈一般败血症变化。内脏器官出血，黏膜、浆膜以及肺、舌、皮下组织和肌肉都有出血点。肝脏和肾脏实质变性，淋巴结显著水肿。腹腔内有大量渗出液。

（1）浮肿型者：在咽喉部、下颌间、颈部、胸前皮下及肢蹄部皮下出现明显的凹陷性水肿，切开水肿部流出深黄色透明液体，间或混杂有血液。有时舌肿大并伸出口外，咽部周围组织和会咽软骨韧带呈黄色胶样浸润，咽淋巴结和前颈淋巴结高度急性肿胀，上呼吸道黏膜卡他性潮红。

（2）肺炎型者：主要表现为胸膜炎和大叶性肺炎变化。胸腔中有大量浆液性纤维性渗出液。肺小叶间淋巴管增大变宽，肺切面呈大理石状，肺泡里有大量红细胞，使肺部病变呈弥漫性出血现象。有些病例出现纤维素性心包炎和腹膜炎，心包与胸膜粘连，内含干酪样坏死物。

5. 诊断

根据流行病学，临床症状和病理变化可做初步诊断。确诊需进行细菌学检查：①取心血、肺、肝及水肿液和体腔渗出液，脓肿物等涂片。②用瑞特氏染色，镜检为两级着深蓝色的小杆菌。③提取病料、同时接种于麦康凯琼脂和血液琼脂平板作对比试验，在37℃下培养，本菌在麦康凯琼脂上不生长，而在血液琼脂上生长，可见灰白色、半透明、圆形的小菌落，周围无溶血圈。④动物试验：将病料加灭菌生理盐水制成1∶10乳剂，皮下或腹腔接种于小白鼠或家兔，接种后24～48小时死亡，取死亡后的病变物镜检可见同样的巴氏杆菌。

6. 防治

根据本病为内源性传染的特点，加强饲养管理，增强机体抵抗力，正确的预防接种（每6个月注射一次牛多杀性巴氏杆菌病灭活疫苗）是关键，消除致病外因则是有效的预防措施。对于发病的牛应立即进行隔离治疗，并在痊愈后继续用药1～2天；对病死牛尸体应焚烧或深埋处理，被污染环境可用氯毒杀、大碱、甲醛等进行严格消毒处理。

第三节　传染性角膜结膜炎

传染性角膜结膜炎，又称为红眼病（pink eye），是主要侵害牛羊的一种急性传染病。其特征为眼结膜和角膜发生明显的炎症变化，并伴有眼睑肿胀及大量流泪，其后发生角膜浑浊或呈乳白色。

1. 病原

水牛传染性角膜、结膜炎是一种多病原的疾病，其中牛嗜血杆菌是引起该病的主要病原。该菌为革兰氏阴性菌，有荚膜，不形成芽孢，在病料中常成双排列。本菌是一种条件性致病菌，须在强烈的太阳紫外光照射下才能产生致病作用，其对理化因素的抵抗力不强，不耐高温（59℃时5分钟便可死亡），一般消毒剂也能使其死亡，对青霉素、四环素等多种抗生素敏感。

2. 流行病学

水牛不分性别和年龄均易感，而以幼龄牛多发，特别是2岁以内的牛呈高度接触传染。

本病自然传播的途径机制还不十分明确，可通过直接或密切接触（如头部摩擦，打喷嚏、咳嗽等）而传染，也可通过蝇类或某种飞蛾进行机械地感染。另外，病牛的眼泪、鼻漏污染过的饲料及环境也可能间接的传染本病，在有阳光暴晒、刮风、尘土等条件下更有利于本病的感染。嗜血杆菌在病牛的泪液、鼻分泌物中可存在数月，病牛及带菌牛是主要的传染源。本病在夏、秋季节呈多发趋势，而且青年牛的发病率比成年牛高，可达60%～90%。

3. 症状

可见牛一侧眼患病，患眼畏光流泪，眼睑肿胀、疼痛，白色分泌物增加，后期可见双眼感染。随着病情发展，病牛角膜凸起，血管充血，结膜和虹膜红肿，在角膜上发生白色或灰色小点，较为严重者角膜增厚，发生溃疡，形成角膜瘢痕及角膜翳，甚至发生眼前房积脓或角膜破裂，晶状体脱落。出现眼球化脓后，病牛体温升高，食欲减退，精神沉郁和乳量减少。多数病牛可自然痊愈，但往往招致角膜云翳、角膜白斑和失明，病程一般为20～30天。

4. 诊断

根据临床症状，以及传播迅速和发病的季节性，可对该病做出初步诊断，必要时进行实验室诊断。

5. 防治

加强饲养管理，禁止疫区引进牛、羊等动物及其产品；发现病牛应立即隔离并进行相应治疗，再彻底清除厩肥，严格消毒畜舍；夏秋季节应注意灭蝇，同时避免强烈日光对畜群刺激。

治疗时，先用2%～4%硼酸水或用生理盐水清洗患眼，拭干后用3%～5%弱蛋白银溶液滴入结合膜囊，每天2～3次，或用0.5%金霉素溶液、2.5%硫酸锌溶液、青霉素溶液（每毫升含青霉素5000单位）滴眼治疗，或直接用青霉素眼药膏、四环素眼膏涂眼治疗。如有角膜混浊或溃疡可涂1%～2%黄降汞眼膏，一日数次。

第四节　弓首蛔虫病

水牛的犊弓首蛔虫病是由犊弓首蛔虫寄生在初生牛犊小肠中所引起的一种疾病。

本病在饲养水牛的国家均有发生，且感染率很高，能造成水牛犊大批死亡，是水牛犊受害最严重的一种寄生虫病。据相关报道，农村水牛犊感染率可达51.8%。

1. 病原

犊弓首蛔虫虫体粗壮，淡黄色或白色，前、后稍细，体表有横纹，四条纵线明显。雌虫体长 140 ~ 300 毫米，尾直。生殖孔开口于体前部 1/8 ~ 1/6 处。虫卵近圆形，大小为（0.07 ~ 0.08）毫米 ×（0.06 ~ 0.066）毫米，具有原壳，外层呈蜂窝状，胚胎为单细胞期。雄虫体长 110 ~ 200 毫米，尾端呈圆锥形，弯向腹面，有 3 ~ 5 对肛门后乳突，有少许肛门前乳突。交合刺一对，形状相似，等长或稍不等长，大小为（0.57 ~ 1.3）毫米 ×（0.039 ~ 0.056）毫米。

犊弓首蛔虫的感染途径为胎盘感染和乳汁感染。寄生于犊牛小肠内的雌、雄虫交配产卵，虫卵随粪便排出，在适宜的环境中发育成卵内第一期幼虫及卵内第二期幼虫、即侵袭性虫卵。母牛吞食侵袭性虫卵后，在肠道孵出幼虫，侵入肠壁，经血流移行至肝、肺、肾及其他器官中，而成为第三期幼虫。当母牛怀孕 8.5 个月左右，第三期幼虫移行至子宫，进入胎盘羊膜液中并发育成第四期幼虫，此时的幼虫可被胎儿吞入肠内。当小牛出生后，幼虫在小肠内发育为第五期幼虫，进而发育为成虫。除通过上述母牛的胎盘感染外，尚可通过乳汁感染。

成虫在犊牛肠中生存 2 ~ 5 个月，以后逐渐从宿主体内排出。因此，本病具有年龄的特殊性，成虫只寄生在不满 5 月龄犊牛肠中。

2. 症状

本病主要发生于不满 5 月龄的犊牛，受害最严重时期是在犊牛出生 2 周后。感染初期，犊牛吃奶及精神状态并无异常，只见排出灰白色的糊状粪便；严重感染后，病犊卧多立少、精神委顿、吃奶乏力，腹部膨大，有时呈腹痛症状，腹泻，间或排出恶臭的水泥样或黄白色样硬结粪便。病情恶化后，病犊食欲废绝，极度消瘦，精神沉郁，可视黏膜苍白，被毛粗乱，后躯无力，站立不稳，常垂头呆立或长时间卧地不起，体温偏低，耳鼻发凉，鼻镜干燥，呼出的气体有特殊腥臭味。当有大量虫体寄生时，可引起肠管阻塞或穿孔，或继发胆道蛔虫症而死亡。

3. 治疗

可选用下列药物：

（1）左旋咪唑：每千克体重 8 毫克，一次投服，或使用磷酸左旋咪唑注射液，以每千克体重 5 毫克做皮下注射。

（2）阿苯达唑：每千克体重 5 ~ 10 毫克，一次投服。

（3）伊维菌素：每千克体重用 0.2 毫克做皮下注射或口服。

第五节　螨病

水牛的螨病又叫疥癣病（俗称生癞）、疥疮、疥虫病，是由疥螨和痒螨寄生于水牛皮肤引起的一种接触传染性慢性皮肤病。本病主要有两种，一种是痒螨病，由纳脱尔痒螨引起；另一种是疥螨病，由疥螨引起。临床表现为奇痒、脱毛、皮肤增厚和消瘦，具有高度的传染性，发病后往往蔓延至全群，危害十分严重。

1. 病原

纳脱尔痒螨，虫体淡黄色，略呈椭圆形。前端为长圆锥形的刺吸式口器，螯肢和须肢均细长。体躯表面有指纹样细皱纹，足较长，肛门在体躯后端。雌虫在寄生部位产卵，卵孵化为幼虫，幼虫蜕化为第一期稚虫，第一期稚虫经过蜕化成为第二期稚虫（即未孕雌虫）或雄虫。未孕雌虫与雄虫交配后再脱化一次便可逐渐发育成孕卵雌虫。完成整个发育过程约需 9 ~ 10 天。雄虫生存期约为 5 周，雌虫约 6 周。

2. 症状

水牛痒螨病主要发生在冬季、秋末和春初。侵害部位多在皮肤柔软且毛短的部位，如背部、尾根部及角根部，严重时也出现在颈部、头部、腹侧及四肢内侧等部位。病变部位覆盖一层油漆样的痂皮，痂皮薄如纸、干燥而表面平整、一端稍翘起、另一端紧贴皮肤。奇痒，病牛不断啃咬摩擦皮肤及四肢，患部皮肤出现丘疹、结节、水疱甚至脓疱。

3. 治疗

水牛痒螨可选用下列药物：

（1）伊维菌素或阿维菌素：剂量每千克体重 0.2 毫克，口服或皮下注射。

（2）杀满灵：用水稀释 800 倍，刷洗患部，疗效确实。此药还可用于喷洒栏舍、用具。

（3）疥敌：不做稀释，用棉球蘸取原药涂擦患处皮肤（先刮去痂皮），每日 1 次，连用 3 次。

（4）药浴：该法适用于病牛数量多且气候温暖的季节，也是预防本病的主要方法，药浴时，药液可选用 0.05% 的辛硫磷乳油水溶液、0.05% 双甲脒溶液等。

第六节　前胃弛缓

前胃弛缓，是由各种原因导致的前胃兴奋性降低、收缩力减弱，瘤胃中菌群失调，内肠运转迟滞，从而产生大量腐解和酵解有毒物质，引起食欲、反刍减退、消化障碍以及全身机能紊乱的一种疾病。

本病是牛的一种多发病，特别是舍饲状态下的牛群更为常见。

1. 病因

引起前胃弛缓的病因比较复杂，一般分为原发性和继发性两种。

原发性前胃弛缓是一种前胃功能紊乱的疾病，亦称单纯性消化不良，其病因主要是饲养管理不当及自然气候的突变造成。①饲喂的饲料品质太差，如饲料过于单纯，饲料变质，粗料营养价值过低，饲料中矿物质缺乏、维生素缺乏。②饲喂方法不当，无一定的饲养标准，不按时饲喂，饥饱无常，精粗料比例搭配失调，突然变换饲料。③饲养管理不当，长期处于阴暗潮湿、拥挤、不通风、卫生状况不良的环境中，运动不足、缺乏相应日光照射也易导致发病。④应激反应，如环境突变，长途运输，过度使役，外伤等都易引发本病。

继发性前胃弛缓是其他疾病在临床上呈现的一种前胃消化不良综合征，病因比较复杂，既可能是前胃本身的疾病引起，也可能是在其他器官或全身性疾病影响下发生，如常见的某些内科疾病（胃肠道疾病、肝脏疾病、中毒病）、传染性疾病（流行热、出血性败血病等）、寄生虫病（片形吸虫病、锥虫病等）及外科和产科疾病都能继发本病。

2. 发病机制

饲养管理不当，自然生活条件突然变化，致使机体中枢神经系统和自主神经系统机能紊乱，引发乙酰胆碱释放减少，神经体液调节功能减退，瘤胃内菌群失调，从而发生了消化不良，这是导致发生前胃弛缓的主要因素。

3. 症状

前胃弛缓按其病情发展过程，可分为急性和慢性两种类型。

（1）急性型前胃弛缓：水牛食欲减退或消失，反刍弛缓或停止，体温正常；瘤胃收缩力减弱、蠕动次数减少或正常，瓣胃音低沉，嗳气有酸臭味，便秘，粪便干硬，呈深褐色；瘤胃内容物充满黏液，或呈粥状，时有臌胀或下痢。

（2）慢性型前胃弛缓：通常多为继发性因素所引起，或由急性转变而来。

病牛食欲时好时坏，并伴有虚嚼、磨牙、异嗜现象；反刍不规则，呈现间断无力或停止，嗳气减少，带有臭味；病情不定，病牛日渐消瘦，体质衰弱，呈现周期性消化不良。病的后期伴发瓣胃阻塞，病牛精神高度沉郁，不愿走动，或卧地不起，鼻镜龟裂，食欲反刍停止，继发瘤胃膨胀，呼吸困难，眼球下陷，结膜发绀，出现贫血和自体酸中毒，最后导致衰竭而死。

4. 病程及预后

该病发生的初期应及时采取病因疗法，同时加强饲养和护理，则 3～5 天内可望康复；如治疗不及时或病情弛张，伴发有瘤胃臌胀或肠胀气，抽搐、痉挛，则预后不良。

5. 诊断

根据临床症状，结合饲养管理情况及既往病史可做出初步诊断，进一步确诊需要通过实验室进行瘤胃液 pH 值测定及纤毛虫测定，以及纤维素消化试验。

6. 治疗

前胃弛缓的治疗原则着重在于及时改善饲养管理，排除病因，恢复机体的神经调节机能，增强瘤胃蠕动功能，健胃、防腐、止酵、强心，防止脱水和自体中毒。

（1）消除病因：改善饲养管理，绝食 1～2 天后，饲喂有营养、容易消化的优质干草、青草或其他青绿饮料，同时投服人工盐 60～90 克或碳酸氢钠 50～100 克，或投服牛胃药 120～240 克，或接种健康牛胃液 3000～8000 毫升。

（2）促进瘤胃蠕动：可用拟胆碱药、如新斯的明 10～20 毫克皮下注射，或卡巴胆碱 1～2 毫克皮下注射，但对患有心脏衰弱、妊娠母牛则禁止应用；有条件时可用甲氧氯着胺、复刍灵、比塞可灵等新药；或运用促反刍液：10% 的氯化钠溶液 100 毫升，5% 氯化钙溶液 200 毫升，20% 安钠咖溶液 10 毫升做静脉注射。中药制剂采用前胃动力散。

（3）防腐止酵：可用鱼石脂 15～20 克，酒精 50 毫升，常水 1000 毫升一次内服，而在病初期最好用硫酸钠或硫酸镁 300～500 克，鱼石脂 10～20 克、温水 600～1000 毫升一次内服；或运用液状石蜡油 1000 毫升、苦味酊 20～30 毫升一次内服清理胃肠。

（4）防止脱水：可用 5% 葡萄糖生理盐水 1000～2000 毫升，10% 安钠咖 10～20 毫升作静脉注射；有胃积液时用 25% 葡萄糖溶液 500～1000 毫升静脉注射。

7．预防

加强饲养管理，避免应激的发生，增强水牛机体的抵抗力可减少本病的发生。

第七节　瘤胃臌气

瘤胃臌气是由于采食了大量容易发酵的饲料，并在瘤胃内菌群的作用下出现了异常发酵，从而产生了大量气体，且气体不能以正常嗳气的形式排出，致使瘤胃、网胃内蓄积大量气体而迅速扩张，膈与胸腔脏器受到压迫，发生窒息现象的一种疾病。

瘤嗳臌气，按病因分，有原发性和继发性之别；从其经过看，有急性和慢性之分；据疾病的性质分，有泡沫性和非泡沫性两种类型。

1．病因

原发性瘤胃臌气，通常多发于牧草茂盛的夏季，以清明之后，夏至之前最为常见。其发病的主要原因是采食了大量易发酵的青绿饲料，如采食了开花前的细嫩多汁的饲料植物（苜蓿、紫云英、三叶草、野豌豆等）或萝卜缨、白菜叶、再生草等；采食堆积发热的青草及多汁易发酵的青贮料等；采食堆积发热的青草及多汁易发酵的青贮料等；采食过多的谷物、豆类饲料，而精饲料不足；或由于长期的舍饲转为放牧后采食过多饲草等，均可导致急性型瘤胃臌气。

继发性瘤胃臌气见于前胃弛缓，创伤性网胃腹膜炎、食道管阻塞、瘤胃与腹膜粘连、瓣胃阻塞等疾病。

2．发病机制

饲草料在瘤胃内发生发酵和消化时，会产生一定量的混合气体（主要是二氧化碳和甲烷，少量的氢、氧、氮和硫化氢等），然而在正常情况下，这些气体除部分覆盖于瘤胃内容物表面外，其余的部分通过反刍、咀嚼和嗳气排出体外，部分随同瘤胃内容物运转，经皱胃排入肠道及被血液吸收，整个机体保持着产气与排气的相对动态平衡。在病理条件下，时由于大量的饲草料在瘤胃内发生了异常发酵，产生了大量的气体，这些气体既不能按正常情况下的方式消除，又不能通过其他途径很快消除，只能蓄积于瘤胃的顶层引起瘤胃急剧膨胀。另外，瘤胃臌气的发生还与机体神经反应、饲料的性质和瘤胃内菌群间的共生关系三者之间的变化及动态平衡有着直接的关系。在泡沫性臌胀中，其泡沫的形成主要决定于瘤胃液的表面张力、黏稠度以及内容物的pH和菌群关系的变化等有关。

3. 症状

急性瘤胃臌气，常在采食了大量易发酵的饲料后迅速发病。初期病牛表现出举止不安，神情沉郁，不断起卧，回头望腹，腹围迅速膨大，瘤胃收缩先增强后减弱或消失，腰旁窝突出，瘤胃叩诊呈鼓音；继而病牛呼吸困难，头颈伸展，张口伸舌呼吸；发生泡沫臌气时常有泡沫状唾液从病牛口腔中流出，行瘤胃穿刺时，排出气少且易阻塞穿刺针孔，呈现出排放气困难；病情急剧发展到后期，病牛呼吸高度困难，静脉怒张，黏膜发绀，全身出大汗，站立不稳，突然倒地抽搐、痉挛。

慢性型瘤胃臌气多为继发性因素引起，病情发展缓慢，病牛食欲、反刍减退，瘤胃呈中等程度臌胀，时而消失，呈反复性发作，穿刺后气体容易排出，但继而又出现臌胀。

4. 病程及预后

原发性瘤胃臌气，病情急促，如不采取及时救治，数小时内可窒息死亡。病情轻者采取及时治疗可迅速痊愈，预后良好，但经过治疗消胀后又复发则预后可疑。

继发性瘤胃臌气，在原发病治愈后，再采取对症治疗可望治愈，但久治不愈，如继发于创伤性网胃腹膜炎等情况时，则预后不良。

5. 诊断

原发性瘤胃臌气，根据出现的典型临床症状可以做出确诊。继发性瘤胃臌气，根据其出现的临床症状，再经过病因分析也能做出确诊。

6. 治疗

本病的治疗贵在及时，并采取有效的紧急措施，方能挽救病畜。其治疗原则着重在于消胀、排气、止酵、健胃消导和强心补液。

（1）处于初期的病牛，应使病牛头颈抬高，再用草把适度按压腹部及瘤胃部，促使瘤胃内气体排出；同时用松节油20～30毫升、鱼石脂10～15克、酒精30～50毫升，加适量温水一次内服止酵消胀；对轻型病例也可把鱼石脂10～15克涂于柳树短枝上衔在病牛口中，使其不断舔食，并不断地运动，同时再按压瘤胃部也有较好的疗效。

（2）对于严重的病牛（处于窒息危险时），应先用套管针进行瘤胃穿刺放气，防止窒息；放气后，对非泡沫性臌气用鱼石脂15～25克、酒精100毫升、常水1000毫升内服除胀；对于泡沫性臌气可用菜籽油（或豆油、花生油、香油）1000～2000毫升、温水500毫升一次内服，也可口服消气灵10～30毫升（或松节油30～40毫升、液体石蜡500～1000毫升）加适量常水内服，都能起到消除泡沫的功效。在放气后用0.25%普鲁卡因溶液50～100毫升、青霉素100万单位，注入瘤胃，则效果更佳。

当瘤胃内空物过多时，可用硫酸钠或硫酸镁500～800克，或植物油500～1000毫升内服清理肠胃道，同时，再皮下注射新斯的明等兴奋剂，以促进瘤胃蠕动，也可肌肉注射促刍灵（复合维生素B），同样能收到治疗效果。

在整个治疗过程中，应注意病牛全身机能状态的变化，及时强心补液（5%葡萄糖生理盐水2000～3000毫升、20%安钠咖注射液10毫升、维生素C 0.5～1克做静脉注射），能增进治疗的效果。同时，可接种健康牛胃液3～8升。

7. 预防

本病的预防，着重在于加强饲养管理，增强前胃神经适应性，促进消化机能，提高牛群的适应能力，保持其健康水平。

第八节　创伤性网胃炎和创伤性心包炎

本病是由于尖锐金属异物（针、铁钉、碎铁丝等）混杂在饲料内，在水牛采食时被吞咽落入网胃内，随着前胃的运动而刺伤网胃壁，当腹内压力增大的同时，异物从网胃穿过膈肌，刺穿心包膜或心肌而引发的一种炎症性疾病。本病在水牛上多发生于舍饲的水牛。

1. 病因

饲养管理不当，饲料加工调制粗放，致使饲料中混入铁钉、铁丝等尖锐金属异物，这是导致该病的主要原因。牛采食迅速，不咀嚼，成团的囫囵吞咽则是易引发本病的客观原因。

2. 发病机制

牛的舌面粗糙，在其表面上有许多尖端向后的角质锥状乳头，加之在采食饲草料时咀嚼不充分，故易将金属异物随同食物咽下。吞咽下的金属异物在胃肠道对机体造成的损害，主要取决于金属异物的长度、硬度和尖锐度及刺入的部位等。当咽下的金属异物在4～7厘米范围内时（大多数情况下都能落入网胃中，也容易刺进网胃壁），才能造成大的伤害，并在牛急剧运动时穿过网胃刺伤心、肺等，引起病情的急剧加重；若金属异物不够长，不够尖锐，只是在网胃的网叶间穿孔，且被固定后又无出血时，则不能表现出临床症状；或刺入的金属异物被结缔组织包裹形成硬结时也不能造成大的损害。

3. 症状

病的初期，一般呈现前胃弛缓、食欲减退，瘤胃收缩减弱，病牛不断嗳气，呈现出间歇性瘤胃膨气，应用前胃兴奋剂时，病情得不到缓解，反而有所加重和恶化。在网胃和腹膜或胸膜受到金属异物损伤时，病牛出现姿态异常，往往采取前高后低的站立姿势，肘关节向外展，拱背，不愿走动；运动异常，病牛不愿走硬路面、嫌忌下坡、跨沟或急转弯；起卧异常，病牛起卧时疼痛敏感，肘部肌肉颤抖，呻吟；叩诊异常，叩诊剑状软骨的左后部腹壁，病牛疼痛敏感，出现退让、躲避或抵抗；反刍吞咽异常，病牛反刍缓慢，吞咽食团时头颈伸展，很不自然，用手压迫胸椎脊突和剑状软骨，病牛疼痛敏感；皮下注射副交感神经兴奋剂时，病情随之加剧，病牛急躁不安；体温最初几天升高 40℃以上，其后降至常温。

当发生创伤性心包炎时，除以上一些症状外，病牛心脏听诊伴有心包拍水音或金属音；心区叩诊呈现鼓音或浊鼓音，病牛呼吸浅表、疾速，颈静脉怒张，胸前腹下发生水肿（用 16 号针头在水肿最低点穿刺后有淡黄色液体滴出），病牛体温低至 35～36℃，最后全身衰竭而死。

4. 病程及预后

轻度病例，经过数日或数周后，结缔组织增生，异物被包埋，形成瘢痕，逐渐好转而痊愈。转变为慢性病理过程的，久久不能治愈。重剧的病例及急性心包炎的病牛可在数天内出现死亡。

5. 诊断

本病易与胃肠道的其他疾病相混淆，注意进行区别，同时根据饲养管理情况，结合既往病史、临床症状，可以做出初步诊断。利用 X 线透视或摄影分析可做出确诊。

6. 治疗

对于创伤性网胃腹膜炎的早期病例，且又无并发症时，采取手术疗法，切开瘤胃取出异物，再加强护理，多数情况下可治愈；利用磺胺类药物内服、或青霉素等抗菌药采取保守疗法，或利用特制磁铁从网胃中吸取金属异物时，也能治愈部分病例。

对于创伤性心包炎，在早期病例可行胸腔切开术，除去心包内异物，能治愈部分病例，但在多数情况下，该病在得到确诊后最好是采取淘汰处理。

7. 预防

本病防治的关键是做好预防工作，加强饲养管理，注意饲料的选择和调理，防止饲料中混杂金属异物是主要措施。

第九节　有机磷农药中毒

水牛有机磷农药中毒是由于水牛接触、吸入某种有机磷农药制剂或采食了含有机磷农药的饲草料，导致机体内胆碱酯酶钝化和乙酰胆碱蓄积，出现以胆碱神经功能亢进为临床特征的中毒病。

1. 病因

误食被有机磷农药污染的牧草、杂草及农作物或饮用被有机磷农药污染的水是引发中毒的主要原因。饲养管理不当、误食、保管不妥、不按规定使用农药、人为的投毒等都是引发有机磷农药中毒的间接原因。

2. 中毒机理

机体中的胆碱能神经末梢所释放的乙酰胆碱，正常情况下是在胆碱酯酶的作用下而被分解。胆碱酯酶在分解乙酰胆碱过程中，先脱下胆碱并生成乙酰化胆碱酯酶的中间产物，继而由于水解作用迅速地分离出乙酸，而胆碱酯酶则又恢复其正常的生理活性。

有机磷农药进入动物体内后，机体内的胆碱酯酶的活性受到抑制，这主要是因为有机磷化合物可同胆碱酯酶结合而产生对位硝基酚和磷酰化胆碱酯酶。对位硝基酚对机体具有毒性，但可转化成对氨基酚，并与葡萄糖醛酸相结合而由泌尿道排除；磷酰化胆碱酯酶是较为稳定的化合物，只能极缓慢地发生水解，且还不能产生可逆性，致使其无法恢复其分解乙酰胆碱的作用，从而引起机体内乙酰胆碱蓄积，出现胆碱能神经过度兴奋现象。此外，有机磷农药在机体内经脱硫氧化反应后，使对硫磷转化为对氧磷，马拉硫磷转化为马拉氧磷后其毒性更强。有机磷农药进入机体后主要经肾脏缓慢排出。

3. 症状

由于水牛个体的差异及有机磷农药进入机体的途径不同，以及摄入量大小的差别，再者是农药本身的毒性强弱致使水牛中毒后的临床症状及经过都不尽相同。急性经过的病例一般于数小时内突然发病。

水牛中毒后精神兴奋，狂躁不安；病畜食欲、反刍废绝、同时流涎并在嘴角边挂有白色泡沫、瞳孔缩小、出汗、尿失禁、呼吸困难，可视黏膜苍白；行走步态蹒跚、臌气、腹痛、心率加快、血压升高、抽搐。

4. 病程及预后

水牛中毒后，根据其摄入量多少以及能否得到及时救治等不同，病程可自数小时拖延至数天。发病后如能及时停止继续接触或采食染药的饲草料及水源，12小时可见病情顿挫，耐过24小时者多有痊愈希望；而对急症型病例或得不到及时抢救的水牛则病情转归可疑。

5. 诊断

据病牛有无接触过有机磷农药史以及出现的胆碱能神经过度兴奋的临床症状，如大量的泡沫性流涎、瞳孔缩小、呼吸困难、血压升高等可做出初步诊断。进一步确诊需采集病料送实验室作毒物鉴定。

6. 治疗

治疗本病的原则是立即使牛停止接触疑为染药的饲草料及水源，并把牛转移到安全地方，再及时使用阿托品结合解磷定的综合疗法。

硫酸阿托品0.25毫克/千克、葡萄糖溶液或生理盐水200毫升一次静脉注射，或作皮下或作腹腔注射；解磷定20~50毫克/千克、生理盐水或5%葡萄糖溶液100毫克静脉注射。

对经口误食吸收中毒的牛，在给予阿托品及解磷定解毒后，再投服2%~3%的碳酸氢钠溶液。

7. 预防

加强对农药的保管、运输、购销和使用制度，避免其污染饲草料及水源；加强牛群的饲养管理，避开牛群接触到农药或疑为污染的饲草料及水源等，可达到预防的目的。

第十节　骨折

任何一种原因引起的，使牛骨骼的完整性和连续性受到破坏情形的，称为骨折。水牛最常见的骨折为四肢骨折。

1. 病因

外力的作用如冲撞、挤压、扭伤、滑倒等是引发骨折的主要病因，而本身存在的如佝偻病、骨软症、慢性氟中毒等一系列病理的因素，则是易诱发该病的次要因素。

2. 症状

患牛肢体变形、活动异常，有骨摩擦音，骨折处疼痛敏感、出血与肿胀，功能障碍。

3. 治疗

（1）整复：横卧保定水牛，并做全身或局部麻醉，运用外力或其他工具，再结合助手的力量将骨折处的骨断端给予闭合、恢复原位。

（2）固定：整复后最好再用石膏绷带或夹板绷带加以固定，以防再次发生断裂。

（3）功能性锻炼：以防止产生病理性的肌肉萎缩、关节僵硬等，可人为的按摩患肢，让未固定关节作被动的屈伸运动，以改善局部的血液循环。

（4）药物辅助治疗：安痛定 40 毫升与青霉素 400 万 IU 肌肉注射；10% 葡萄糖酸钙 500 毫升或 10% 氯化钙 250 ~ 400 毫升、5% 葡萄糖 250 毫升一次静脉注射，同时肌肉注射或补饲维生素 A、维生素 D。

第十一节　腐蹄病

水牛的腐蹄病是由坏死杆菌在趾间隙皮肤及皮下组织引起的，具有腐败、恶臭特征的一种化脓坏死性炎症。

1. 病因

饲养管理不当，日粮中精料过多或粗料不足；钙磷比例不当或不足，蹄角质疏松；病原微生物的侵入；牛舍阴暗、潮湿，运动场泥泞，粪、尿长期的侵袭；牛舍、运动场内的异物刺伤软组织发炎。

2. 症状

蹄间发生急性皮炎，病初期局部检查见趾间皮肤红、肿，触摸疼痛敏感；蹄冠呈红色、暗紫色、肿胀、疼痛，病牛轻度跛行，喜卧不愿站立，严重感染后会在蹄间裂和角质部形成孔洞，内含黄色脓性液体及灰白色恶臭的脓汁，局部疼痛剧烈，跛行加重，严重者蹄壳脱落或腐烂变形。

3. 治疗

（1）蹄部处理：对蹄形不正的进行合理的削蹄，用2%煤焦油酸溶液或4%的硫酸铜洗净患蹄，用蹄刀彻底除去坏死组织。对蹄底深部化脓部分，用小刀扩创，使脓性分泌物排出，用氯霉素、酒精（75%）1∶1配制，用纱布浸药敷在患处，外打蹄绷带，或创内撒布硫酸铜粉、高锰酸钾粉保持牛舍干燥，防止再度感染。

（2）药物治疗：如病牛体温升高，全身症状严重时可用青霉素、氨苄青霉素、先锋霉素（头孢类）进行对症治疗。

（3）解除酸中毒：5%葡萄糖生理盐水500～1000毫升、5%碳酸氢钠500～800毫升、25%葡萄糖500毫升、维生素C 5克，1次静脉注射，每天1～2次。

第十二节　生产瘫痪

生产瘫痪也称乳热症，是母畜在分娩前后突然发生的一种严重代谢性疾病，其特征是病畜知觉丧失和四肢发生瘫痪。

1. 病因

本病的病因目前还尚不完全清楚，在分娩前后血钙浓度的剧烈降低，则是发生本病的直接原因。

2. 症状

（1）非典型病例：病牛能勉强站立，但站立不稳，食欲废绝，体温正常或不低于37℃，其主要特征是病牛卧下时其头颈部姿势极不自然，病牛由头部至鬐甲部呈轻度的“S”状弯曲。

（2）典型病例：产后病牛卧地不起、昏睡、瞳孔散大、肝门松弛，喉头及舌发生麻痹（舌伸出口外而不能自行缩回），各种机能反射消失，病牛头颈歪向一侧胸腹部（用手将其头颈拉直，但松手后又重新弯向胸部），四肢弯曲于胸腹之下。病牛体表及四肢冰冷，在整个发病过程中病牛体温逐渐下降，可低至35℃，随后病牛慢慢地在昏迷状态下死亡 。

3. 治疗

静脉注射钙剂或乳房送风是治疗生产瘫痪最有效的惯用疗法

（1）静脉注射钙剂：10% 的葡萄糖酸钙500～1000毫升作静脉注射，10%葡萄糖500毫升、安钠咖10毫升、维生素C 50毫升1次静脉注射，6～12小时后如无反应可重复用药一次，同时再静脉注射 25% 葡萄糖 250 毫升、15% 磷酸钠溶液 250 毫升则效果更好。如抢救及时，多数情况下病牛能在注射完后自行站立。

（2）乳房送风治疗：即用乳房送风器向乳房内打气。挤净乳房内的乳汁，消毒乳头，侧卧母牛，先利用乳导管往乳房内注入青霉素 80 万 IU 及链霉素 100 万 IU（溶于 50 ~ 100 毫升生理盐水内），然后将乳房送风器的乳导管插入乳头管内，分别往 4 个乳叶打满空气，直至整个乳房皮肤紧张，指弹乳房发出鼓音为止，用纱布条轻轻结扎乳头，1 小时后除去。多数病例在往乳房内打气 0.5 小时后便逐渐清醒，好转，必要时可重复打气。

第十三节　胎衣不下

正常情况下，牛排出胎衣的时间一般是 4 ~ 6 小时，当产后超过 12 小时还未排出胎衣，即可认为是胎衣不下。

1. 病因

（1）怀孕期间饲料中缺乏维生素和钙盐等矿物质，运动不足，机体衰弱或母牛过肥，胎儿过大及其他各种难产等，都可造成子宫收缩无力而引起胎衣不下。

（2）怀孕期间子宫受到感染发生炎症亦可引起胎衣不下。如母牛患有慢性子宫内膜炎、布氏杆菌病时，容易使胎儿胎盘和母体胎盘发生粘连而引起胎衣不下。

（3）牛的胎盘属上皮绒毛膜与结缔组织绒毛膜混合型胎盘，胎儿胎盘与母体胎盘联系得比较紧密，不容易分离，这是牛的胎衣不下发生较多的主要原因。

（4）其他因素，如分娩时处于生疏环境、噪声的干扰、高温季节等，可使孕期缩短，都有可能引起产后胎衣不下。

2. 症状

胎衣部分露出于阴门外，病牛精神不振、拱背、努责，体温稍升高。胎衣发生腐败分解时，从阴门流出污浊恶臭的分泌物。

3. 治疗

（1）药物疗法：①肌肉注射催产素 50 ~ 100IU。②子宫内灌注 10% 氯化钠溶液 1000 ~ 2000 毫升。③在子宫内投入土霉素或氯霉素 2 ~ 3 克，隔日一次，连续 2～3 次，以上几种处理后一般能自行排出。

（2）手术剥离：手术剥离胎衣的最佳时间是分娩后的 2～3 天（夏季可在 1 天后、而冬春季节则须 2 天以后更容易剥离）。先消毒母牛外阴部、悬挂在阴门外面的胎衣及术者手臂，以左手轻轻拉紧外露的胎衣，右手伸入子宫，用食指和中指夹住母体胎盘，以拇指小心剥离胎儿胎盘。由近及远、由上而下地逐个剥离胎儿胎盘。当剥离到子宫角，手达不到其尖端时，可轻拉胎衣，使子宫角靠近。剥离完毕，用 0.1% 的高锰酸钾溶液消毒冲洗子宫，最后再往子宫内放置土霉素等的抗菌消炎药物。

第十四节　子宫内膜炎

1. 病因

本病主要是在分娩过程中或产后期，由于病原微生物的侵入而引起子宫黏膜发生的炎症。常发生于难产、胎衣不下、子宫脱出、流产等情况，亦可继发于产前的布氏杆菌病、结核病、滴虫病等。

2. 症状

（1）急性子宫内膜炎：从阴门排出灰白色含有絮状物的黏性分泌物，严重者排出污红色或棕色带有臭味的分泌物，卧下时排出较多；体温稍升高，食欲减退，拱背、努责，做排尿状姿势；阴道检查发现子宫颈外口肿胀、充血和稍为开张，常含有上述分泌物；直肠检查感觉子宫角增大、壁厚、硬度大或呈面团样，有时有波动感，子宫收缩反应减弱或消失，病牛疼痛反应强烈。

（2）慢性子宫内膜炎：主要症状是自子宫内流出灰白色的分泌物。全身症状不明显或无全身症状。病牛的发情周期多不正常，有时往往不发情，有的虽发情，但屡配不孕，或怀孕后容易发生隐性流产或习惯性流产。子宫颈口稍开张，内含灰白色分泌物。直肠检查发现一侧或两侧子宫角增大，子宫壁变厚，且厚薄不均。子宫的收缩反应减弱或消失。

3. 治疗

（1）急性子宫内膜炎的治疗：先用 0.1% 的高锰酸钾溶液冲洗子宫，冲洗后通过直肠按摩，以排出冲洗液，然后再往子宫内放入土霉素等抗菌药物。

对于严重的、有全身症状的病例，不宜进行子宫冲洗。可先用子宫收缩剂促使渗出物排出，然后在子宫内应用抗生素。必要时结合进行全身抗生素疗法。

（2）慢性子宫内膜炎的治疗：在发情时首先用 0.1% 的高锰酸钾溶液冲洗净阴道，再用青霉素 160 万 IU、链霉素 100 万 IU、生理盐水 100 毫升行子宫冲洗，或用土霉素 3 克溶于 100 毫升生理盐水中行子宫冲洗，间隔一天使用一次，一个情期用 2 次。

第十五节　乳房炎

乳房炎是乳腺受到物理、化学、微生物等的刺激所发生的一种炎性变化，其特征是乳液中含有体细胞，特别是白细胞增多以及乳腺组织发生病理变化。

1. 病因

饲养管理不当、致使非特定的病原微生物侵入乳房是引发本病的主要原因。外力对乳房造成损伤，致使微生物侵入乳房也能引起乳房发炎，此外，乱用某些刺激性或腐蚀性化学药品、圈舍卫生条件不良等等也易引发乳房炎。

2. 症状

（1）急性乳房炎：突然发病，患病乳房肿胀增大，皮肤紧张，触摸有热痛感，乳汁分泌减少，乳汁稀薄，含有絮状物或凝块，有时还带有血液或脓汁。严重时泌乳停止，同时伴有温度升高、食欲减退或废绝、精神不振等的全身症状。

（2）慢性乳房炎：一般都由急性乳房炎转变而来，患病乳房乳腺硬结、产乳量下降、乳汁呈浅黄色或黄色黏液状，含有絮状物或凝块，一般情况下无全身反应。

3. 治疗

（1）发病初期：乳头有破损的先用温的生理盐水清洗干净，再涂上油质青霉素；若是刚产犊后几天内发生乳房炎症，则应考虑先口服中药生化汤（当归 120 克、川芎 45 克、桃仁 45 克、炮姜 10 克、炙甘草 10 克、红花 10 克、益母草 30 克、白酒 100 毫升），再结合抗菌消炎（青霉素 300 万 IU 与安乃近 50 毫升肌肉注射，鱼腥草 40 毫升肌肉注射）；若乳房肿胀明显时，可用带有冰块的毛巾对乳房进行冷敷；如急性炎症，经过 2 天后则应用热毛巾作热敷，以促进炎症的吸收消散。

（2）乳房灌注治疗：青霉素、链霉素各 1×106IU，溶于 20～40 注射用水中，或青霉素 80 万 IU/ 乳・次、鱼腥草注射液 30 毫升，或乳炎康等，挤净乳汁或用通乳针通乳后选以上一种药物注入并加以按摩，每天 2 次，直至痊愈，如结合中药，每天口服一次通乳散（黄芪 60 克、党参 40 克、通草 30 克、川芎 30 克、白术 30 克、续断 30 克、 山甲珠 30 克、当归 60 克、王不留行 60 克、木通 20 克、杜仲 20 克、甘草 20 克、 阿胶 60 克、白酒 100 毫升），则效果更佳。

（3）乳房基部封闭治疗：用 0.25% 的普鲁卡因 50 ~ 100 毫升，加青霉素（4 × 105）~（8 × 105）IU，在乳房基部分点做封闭注射。

（4）如出现全身症状的病例，在局部处理外，还应配合肌肉或静脉注射抗生素，以提高疗效。

4. 注意事项

采用抗生素治疗应严格遵守停药期、休药期规定。

参考文献：

[1] 章纯熙 . 中国水牛科学［M］. 南宁：广西科学技术出版社，2000.
[2] 吴文彩 . 水牛疾病防治技术［Z］. 广西水牛研究所，1998.
[3] 蔡宝祥 . 家畜传染病学（第三版）［M］. 北京：中国农业出版社，1996.
[4] 北京农业大学 . 家畜寄生虫学［M］. 北京：中国农业出版社，2000.
[5] 西北农业大学 . 家畜内科学（第二版）［M］. 北京：中国农业出版社，2000.
[6] 甘肃农业大学 . 兽医产科学（第二版）［M］. 北京：中国农业出版社，2000.
[7] 中国农业大学 . 家畜外科学及外科手术学（第二版）［M］. 北京：中国农业出版社，1999.
[8] 肖定汉 . 奶牛疾病防治文集［Z］. 北京奶牛中心 .
[9] 魏彦明 . 犊牛疾病防治［M］. 北京：北京金盾出版社，2005.
[10] 杨国林 . 畜禽常见病的防治［M］. 北京：中国农业出版社，1997.
[11] 蒋国材 . 养牛全书（第二版）［M］. 四川科学技术出版社，1999.

第十三章　水牛场建设

一、水牛场的选址

水牛场场址的选择要有周密考虑，通盘安排和比较长远的规划。必须符合水牛的生理和生活习性，与农牧业发展规划、农田基本建设规划以及今后修建住宅等规划结合起来，必须符合兽医卫生和环境卫生的要求，周围无传染源、无人畜地方病。为适应现代化养牛业的发展趋势，选址一般遵循以下原则：

（1）地势：高燥、背风向阳，地势总体平坦或具有缓坡坡度（1%～3%，最大25%）。

（2）地形：开阔整齐，尽量少占耕地。

（3）水源：有充足的符合卫生标准和防疫要求的水源，取用方便，保证生产、生活及人畜饮水，确保人畜安全和健康。

（4）土质：沙壤土最理想，沙土较适宜。雨水、尿液不易积聚，雨后没有硬结、有利于牛舍及运动场的清洁与卫生干燥，有利于防止蹄病及其他疾病的发生。

（5）气象：综合考虑当地气象因素，如最高温度、最低温度，湿度、年降雨量、主风向、风力等，以选择有利地势。

（6）位置：要利于防疫，距村庄居民点500米以上下风处；牛舍距主要交通要道（公路、铁路）500米以上；周围1500米以外应无化工厂、畜产品加工厂、屠宰厂、医院、兽医院等，交通、供电方便，周围饲料资源，尤其是粗饲料资源丰富。

二、水牛场的规划和布局

水牛场场地规划应本着因地制宜和科学饲养管理的原则，合理布局，统筹安排。场地建筑物的配置应做到整齐、紧凑，提高土地利用率，节约供水管道和供电线路，有利于整个生产流程和便于防疫，并注意防火安全。

1. 牛舍

牛舍应建造在场内中心。为了便于饲养管理，尽可能缩短运输路线，既要利于采光，又要便于防风。修建数栋牛舍时，应采取长轴平行配置。当牛舍超过四栋时，可两行并列配置。前后对齐，相距10米左右。产奶牛舍建筑应包括牛奶处理室、工具室、值班室。在牛舍四周和场内舍与舍之间都要规划好道路。道路两旁和牛场各建筑物四周都应绿化，种植树木，夏季可以遮阴和调节气候。

2. 饲料库与饲料调制室

饲料调制室应设在各牛舍中央、距离各栋牛舍较近，并且饲料库靠近调制室，以便运输饲料比较方便。

3. 青贮窖

青贮窖设在牛舍附近，便于取用，但必须防止牛舍和运动场的污水渗入窖内。

4. 贮粪场及兽医室

贮粪场应设在牛舍下风的地势低洼处。兽医室和病牛舍要建筑在距牛舍200米的偏僻地方，以免疾病传播。

5. 场部办公室和职工宿舍

可设在牛场大门口或场外，要防止外来人员联系工作时穿越场内和职工家属随意进入场内，传播疫病。场部或生产区门口应设门警值班室及消毒池。

三、牛舍建设

1. 拴系式牛舍

这是一种传统牛舍。每头牛都有固定的牛床，用颈枷或铁链拴住牛只，除运动外，饲喂、挤奶、刷拭及休息均在牛舍内。

（1）牛舍排列方式：牛舍内牛床的排列方式，视牛场规模和地形条件而定，分单列式、双列式和四列式等。牛群 20 头以下者可采用单列式，20 头以上者多采用双列式。在双列式中，有对头式和对尾式两种。

（2）内部设施：主要有牛床、饲槽、走道、粪尿沟等。

①牛床：牛床应具有保温、不吸水、坚固耐用、易于清洁消毒等特点。成母牛牛床的长度取决于牛体大小和拴系方式，一般为 1.8 厘米（自饲槽后沿至排粪沟），牛床的宽度取决于奶牛的体型和是否在牛舍内挤奶。一般水奶牛的肚宽为 65 ~ 80 厘米，如果在牛舍内挤奶，牛床不宜太窄，否则挤奶员在两头牛中间挤奶会感到操作不便，且闷热，故常采用 1.2 米宽的牛床。同时，牛床应有适当的坡度，并高出清粪通道 5 厘米，以利冲洗和保持干燥，坡度常采用 1% ~ 1.5%，要注意坡度不宜太大，以免造成奶牛的子宫后垂或产后脱出。此外，牛床应采用水泥地面，并在后半部划线防滑。牛床上可铺设垫草或木屑，一方面保持干燥，减少蹄病，另一方面又有益于卫生，也可采用橡胶垫。

②拴系方式：拴系方式有硬式和软式两种。硬式多采用钢管制成，软式多用铁链，其中铁链拴牛又有固定式、直链式及横链式三种。直链式尺寸为：长链长 130 ~ 150 厘米，下端固定于饲槽前壁，上端拴在一根横栏上；短链长 50 厘米，两端用两个铁环穿在长链上并能沿长链上下滑动。这种拴系方式，牛上下左右可自由活动，采食、休息均较为方便。

③隔栏：为便于挤奶操作，防止牛只相互侵占床地，可在牛床之间设置由弯曲钢管制成的隔栏。隔栏的长度约为牛床地面长度的 2/3，栏杆高 80 厘米，由前向后倾斜。

④饲槽：饲槽位于牛床前，通常为固定式统槽。同时，饲槽需经常刷洗，其表面应光滑，不透水，而且耐磨、耐酸，最好采用水磨石或钢砖建造。饲槽底部为圆弧形，以适应奶牛用舌采食的习性，又便于清洗消毒。饲槽前沿设有牛栏杆，饲槽端部装置给水导管及水阀，饲槽两端设有窗栅的排水器，以防草、渣类堵塞阴井。近年有较多奶牛场，采用地面饲槽，即饲槽不突出地面，或略低于地面。这种饲槽结构简单，造价低廉，清洗容易。

⑤饮水器：一般每 2 头牛提供 1 个，设在二栏之间。

⑥饲料通道：饲料通道位于饲槽前，用作运送、分发饲料。通道宽为 1.3（人工操作）~ 3.6 米（机械操作），同时，通道常高出牛床地面 5 ~ 10 厘米。

⑦清粪通道：牛舍内的清粪通道同时也是奶牛进出和挤奶员操作的通道，通道的宽度除了要满足清粪运输工具的往返外，还要考虑挤奶工具的通行和停放，而不致被牛粪等溅污。通道的宽度一般为1.6～2.0米，路面最好有大于1%的拱度，高度一般低于牛床，同时，路面要划线防止奶牛滑倒。

⑧粪尿沟：在牛床与清粪通道之间设有粪尿沟。粪尿沟通常为明沟，沟宽一般为30～40厘米，沟深为5～18厘米，沟底应有0.6%的排水坡度，也可采用深沟，加盖铸铁或水泥漏缝盖板，粪尿通过漏缝落入粪沟里。

⑨运动场：在每栋牛舍的一面应设有运动场。运动场的用地面积一般是：泌奶牛20～40平方米/头；育成牛15～20平方米/头；犊牛5～10平方米/头。

运动场场地以青砖或为沙质土为宜，地面平坦，并有1.5%～2.5%的坡度，排水畅通，场地靠近牛舍一侧应较高，其余三面设排水沟。运动场周围应设围栏，围栏要求坚固，常以钢管建造，有条件也可采用电围栏，栏高一般为1.6米，栏柱间距1.5米。运动场内应设有饲槽、饮水池和凉棚。运动场的周围应种树绿化。

⑩车辆消毒池：在奶牛饲养区进口处设消毒池，消毒池构造应坚固，并能承载通行车辆的重量。消毒池一般为长6米、宽3.6米、深0.3米，地面平整，耐酸耐碱，不透水。

⑪行人消毒池：可采用药液湿润，踏脚垫放入池内进行消毒，其尺寸为：长2.8米、宽1.4米、深5厘米，池底有一定坡度，并设有排水孔。

⑫贮粪池：牛舍与贮粪池应有一定距离（200～300米）。贮粪池的底面和侧面要密封，以防渗漏污染地下水。贮粪池的容积可按每天每头成年奶牛0.04立方米计，加上牛舍作业污水，这个标准应为每天0.06立方米左右。此外，还要另加一部分容量，以收纳挤奶厅的污水。挤奶厅的污水量与所用的设备有关，如果用擦手纸和消毒剂擦清乳房，则污水极少；如果用自动准备栏清洗乳房，则每头奶牛由此而产生的污水达40升左右。

2. 散栏式牛舍

拴系饲养由于使用劳力多、劳动强度大、劳动生产率低，近年来在奶牛业发达国家已逐渐被散栏式饲养所取代。采用散栏式饲养便于实行工厂化生产，可大幅度提高劳动效率；同时，散栏牛舍内部设备简单，造价低；此外，牛在散栏式牛舍可在采食区与休息区内自由活动，舒适，并可减少牛体受损伤的概率。散栏式饲养的缺点是：不易做到个别饲养，而且由于共同使用饲槽和饮水设备，传染疾病的机会多。目前，国内新建的机械化奶牛场大多采用散栏式饲养，这是现代奶牛业的发展趋势。

3. 产房

规模较大的牛场一般设有产房。产房是专用于饲养围产期牛只的用房。由于围产期的牛只抵抗力较弱，产科疾病较多。因此，产房要求冬暖夏凉，舍内便于清洁和消毒。产房内的牛床数一般可按成奶牛 10% ~ 13% 设置，采用双列对尾式，牛床长 2.2 ~ 2.4 米，宽度为 1.4 ~ 1.5 米，以便于接产操作。

4. 犊牛舍

犊牛舍要求清洁干燥、通风良好、光线充足，防止贼风和潮湿。目前常用的犊牛栏主要有单栏（笼）、群栏和室外犊牛栏等数种。

四、挤奶厅

采用厅式挤奶机有利于提高牛奶质量。而且目前挤奶厅的附属设备都已自动化或半自动化，更有利于提高劳动效率。挤奶厅（台）的形式有：

1. 并列式挤奶台

栏位根据需要可安排 1 × 14 栏至 2 × 24 栏，以满足大、中、小不同规模奶牛场的需要。并列式挤奶厅棚高一般不低于 2.20 米，坑道深：1.00 ~ 1.24 米（1.24 米适于可调式地板），坑宽：2.60 米，坑道长度与挤奶机栏位有关。

2. 鱼骨式挤奶台

挤奶台两排挤奶机的排列形状有如鱼骨而得名。这种挤奶台栏位一般按倾斜 30 度设计，这样就使得牛的乳房部位更接近挤奶员，有利于挤奶操作，减少走动距离，提高劳动效率。同时，基建投资低于并列式，在生产上用得比较普遍。一般适于中等规模的奶牛场，栏位根据需要可从 1 × 3 栏至 2 × 16 栏。用鱼骨式挤奶台，一人一日可管理 80 头奶牛。鱼骨式挤奶厅棚高一般不低于 2.45 米，中间设有挤奶员操作的坑道，坑道深：85 ~ 107 厘米（107 厘米适于可调式地板）；坑宽 2.00 ~ 2.30 米；坑道长度与挤奶机栏位有关。目前，有一种鱼骨式全开放型，适合于泌乳奶牛 100 头以上中、大规模的奶牛场，栏位根据需要可安排 2 × 8 栏至 2 × 24 栏，其特点是全开放，使牛快速离开栏位，高效省时，缺点是占地面积较多。

3. 转盘式挤奶台

利用可转动的环形挤奶台进行挤奶流水作业。其优点是奶牛鱼贯进入挤奶厅，挤奶员在入口处冲洗乳房，套奶杯，不必来回走动，操作方便，每转一圈7～10分钟，转到出口处已挤完奶，劳动效率高，适于较大规模奶牛场。目前，主要有鱼骨式转盘挤奶台和并列式转盘挤奶台，但设备造价高，在我国还难以大面积推广。

4. 挤奶厅的附属设备

（1）待挤区：待挤区是将同一组挤奶的牛集中在一个区内等待挤奶，较为先进的待挤区内还配置有自动将牛赶向挤奶台集中的装置。待挤区常设计为方形，且宽度不大于挤奶厅，面积按每头牛1.6平方米计算。牛在待挤区停留的时间一般以不超过1小时为宜。同时，应避免在挤奶厅入口处设置死角、门、隔墙或台阶、斜坡，以免造成牛只阻塞。待挤区的地面要易清洁、防滑、浅色、环境明亮、通风良好，且有3%～5%的坡度（由低到高至挤奶厅入口）。

（2）滞留栏：采用散栏式饲养，由于牛无拴系，如需进行剪毛、修蹄、配种、治疗等，均须将牛牵至固定架或处理间，但此时往往不太容易将牛只牵离牛群。所以多在挤奶厅出口通往牛舍的走道旁设一滞留栏，栅门由挤奶员控制。在挤奶过程中，如发现有需进行治疗或需进行配种的牛，则在挤完奶放牛离开挤奶台，走近滞留栏时，将栅门开放，挡住返回牛舍的走道，将牛导人滞留栏。目前，最为先进的挤奶台配有牛只自动分隔门，其由电脑控制，在牛离开挤奶台后，自动识别，及时将门转换，把牛导入滞留栏，进行配种、治疗等。

（3）附属用房：在挤奶台旁通常设有机房、牛奶制冷间、更衣室、卫生间等。

五、牛场污染的控制

养牛场产生大量的粪、尿、污水、废弃物、甲烷、二氧化碳等，如控制与处理不当，将造成对环境的污染。200头规模的牛场日产粪尿10吨，这些粪尿、污水及废弃物除部分作为肥料外，相当数量是排放在畜牧场周围，污物产生的臭气及滋生的蚊蝇影响周边环境。目前，牛场污物处理措施主要有土地还原法、厌气（甲烷）发酵法、人工湿地处理和生态工程处理。

1. 循环利用法

牛粪尿的主要成分是粗纤维以及蛋白质、糖类和脂肪类等物质，一个明显的特点是易于在环境中分解，经土壤、水和大气等的物理、化学及生物的分解、稀释和扩散，逐渐得以净化，并通过微生物、动植物的同化和异化作用，又重新形成动植物性的糖类、蛋白质和脂肪等，也就是再度变为饲料和肥料，用于饲草饲料种植。

2. 厌气（甲烷）发酵法

将牛场粪尿进行厌气（甲烷）发酵法处理，不仅净化了环境，而且可以获得生物能源（沼气）。同时，通过发酵后的沼渣、沼液，把种植业、养殖业有机结合起来，形成一个多次利用、多层增值的生态系统，目前，世界许多国家广泛采用此。处理牛场粪尿。以 200 头奶水牛场为例，利用沼气池或沼气罐厌气发酵牛场的粪尿，每立方米牛粪尿可产生多达 1.32 立方米沼气（采用发酵罐），产生的沼气可供应 280 户职工烧菜做饭，节约生活用煤 200 多吨。粪尿经厌气（甲烷）发酵后的沼渣含有丰富的氮、磷、钾及维生素，是种植业的优质有机肥。沼液可用于养鱼或用于牧草地灌溉等。

3. 生态工程处理

首先通过分离器或沉淀池将固体厩肥与液体厩肥分离，其中，固体厩肥作为有机肥还田或作为食用菌（如蘑菇等）培养基，液体厩肥进入沼气厌氧发酵池。通过微生物—植物—动物—菌藻的多层生态净化系统，使污水得到净化。净化的水达到国家排放标准，可排放到江河，回归自然或直接回收利用进行冲刷牛舍等。

此外，牛场的排污物还可通过干燥处理、粪便饲料化应用以及营养调控等措施进行控制。

总之，随着养牛业生产的发展，牛场污染问题应给予高度重视，解决牛场污染问题的措施应因地制宜、实事求是，根据当地具体情况选择治理措施。

第十四章　计算机在水牛育种中的应用

养牛业现代化是畜牧业现代化的重要组成部分。20 世纪 80 年代后，我国畜牧业现代化发展步伐加快，尤其是在社会主义市场经济的推动下，竞争日益激烈，只有通过科学饲养，降低生产成本，才能提高经济效益和在激烈的市场竞争中立于不败之地。因此，养牛业现代化的发展已刻不容缓。水牛业发展在养牛业中占有不可忽视的重要地位。俗话说“母牛好、好一窝，公牛好、好一坡”。努力提高水牛的生产和管理水平，高度重视水牛品种资源质量，是从源头抓好水牛业工作的坚强保证。随着经济社会的发展，商品流通速率的加快，牛群改良代次的递增和牛群数量的不断扩大，对畜种资源的需求越来越高，采用传统管理模式制约了畜种资源的更新换代。为适应新时期水牛生产管理信息化的要求，进一步完善和规范我国水牛生产管理体系建设，逐步实现对水牛的数量、遗传评定、生产性能、选配、培育、育种规划、资源保护、杂种优势利用等动态科学管理，以提高水牛生产科技含量，最终实现水牛生产管理的信息化和现代化。

第一节　现代水牛业与信息化

一、水牛业现代化

水牛业作为农牧业中的一个重要分支，随着农业信息化进程的推进，带动了水牛业以信息化来改造传统的生产与经济结构模式，加速了水牛业现代化的实现。

现代化的水牛业要求现代化管理，水牛业信息技术中的管理信息系统（MIS）和决策支持系统（DSS）技术在其中将发挥重要的作用。现代化的水牛业必须是集约化和产业化的畜牧业，必然摆脱传统水牛业经济模式。管理信息系统和决策支持系统将帮助水牛业生产进行成本核算和利用最小投入获取最大利润，从而提高水牛业生产效益。

水牛业现代化不仅要求微观乳牛业经济的优化，更要达到宏观乳牛业经济的合理化。就整个国家宏观水牛业发展而言，国家宏观水牛业信息化的实现将会推动地方乳牛业信息化的进程。发展我国水牛业信息化技术是一项重要国策，是加强乳牛业现代化的重要举措。畜牧业的发展是在畜牧业信息化的过程中实现现代化，而水牛业的发展也应该在水牛业信息化的进程中实现现代化。

水牛业信息化是现代水牛业生产的必然要求。现代化水牛业必须依靠信息技术和高新技术，把信息技术与传统水牛业技术结合在一起，才能加速我国水牛业的发展。

二、水牛业信息化的特征

现代信息技术是以计算机技术、网络技术为依托，也是当代高新技术中发展最迅速的技术。20世纪80年代末到90年代初，信息产业发展迅猛，尤其是计算机网络技术的发展推进了科学技术的全面发展。信息技术的发展是由互联网的发展而带动起来的。互联网发展带动了软硬件的需求，以互联网为基础的数字化经济正在出现。信息化发展趋势具有如下特征：

1. 网络化

计算机网络使全世界各种计算机能连接成一个整体，使用电脑的人都可以相互交流信息，形成一个网络空间。

2. 智能化

奶牛数字化管理信息系统、种公牛站生产管理信息系统、大理州牛冻精改良统计报表系统的开发与应用是其中最突出的表现，是养牛业智能化技术与自动控制技术相结合形成的一种先进体系。

3. 数字化

表现在科学计算的可视化和虚拟现实技术。人们把牛业生产发生过程的自然环境因素用数字模型表达，建立牛生长发育的数字模型以及养牛业经济系统的数字化模型，在实验室里通过模拟系统的运行过程来预测养牛业发展的未来，指导与制定养牛业发展的政策。

第二节　计算机的辅助设计

一、水牛场、冻精改良站点和散养农户运行经济模型的建立

计算机对水牛场、冻精改良站点和水牛饲养农户运行经济模型的建立是最好的辅助工具。投入与产出模型的优化只有依托于计算机对大量水牛场、水牛饲养农户经济数据长期跟踪、收集、分析，然后才能完成一个良好可运行的经济模型。建立起来的经济模型还依附于计算机不断的调节，才能稳定好企业的投入与产出的最佳状态。

目前，大量的经济上的优化模型、经济上的预测模型、经济上的数理统计分析模型等都已经编写成专用的计算机软件，这些软件早已在国民经济建设中被各行各业所采用。水牛业的经济管理模型是一项十分复杂、烦琐的经济系统工程。只有解决好这一项经济系统工程，我国的水牛业才能健康、稳定发展。

水牛场、水牛冻精改良站点和散养农户运行经济管理模型的用途：

（1）新建水牛场、冻精改良站点和散养农户的可行性分析。

（2）提升与改造已有水牛场、冻精改良站点和散养农户的管理。

（3）用于优秀纯种水牛保种、选育，水牛遗传资源调查及其数据的存储、处理，进而指导实践工作。

（4）用于水牛后裔测定，进而指导选育选配工作。

（5）提升与改造水牛集团公司、水牛科研部门及领导的管理水平。

（6）用于企业经济预测和政府决策。

（7）用于制定企业和地区发展规划。

二、水牛场、冻精改良站点和散养农户的辅助设计

水牛场和冻精改良站点建设是一门比较专业的综合科学。它涉及水牛群的习性、当地气候、投入与产出、产品质量与卫生、环境保护以及今后的企业或地区水牛业发展空间等各方面。它又是凝聚水牛学、建筑科学、经济科学、环境保护科学等多学科的知识。当今国外，通常是借助于计算机辅助设计来完成。一般是利用长年积累存放在计算机中的各类学科的数据库、知识库、模型库相互结合起来进行辅助决策。由计算机设计出三维效果图，根据三维的坐标参数，计算机马上能完成立体仿真模型，放在仿真环境中去进行模拟测试。经过反复地修正，计算机就能很快完成全套水牛场、冻精改良站点的设计图纸、可行性经济报告、施工图纸、全套设备采购清单、设备安装工艺书、乳牛场地最终的竣工报告等。其中，AUTOCAD 软件及建筑上相关的软件都会被频繁使用。

三、计算机水牛仿真系统

利用计算机的生物仿真技术，也是计算机应用的一个领域。这个领域的开发最先起源于仿真人的研究。随着生物仿真技术的逐步成熟，应用的范围也逐步扩大。将大量的乳牛的综合信息通过计算机的运算模拟，可制造出仿真瘤胃模型、仿真子宫模型、仿真泌乳模型，甚至标准的水牛仿真模型。将这些模型应用于乳牛的生理与生产相关的研究和开发。

（一）饲养与管理

利用对标准水牛仿真模型进行特定参数修正，目的是使其接近于仿真的实际乳牛模型，从而完成模拟的真实性。饲养管理模式需做大量试验才能完成。借助乳牛仿真模型，可在计算机上做大量的模拟试验，同时结合动物试验还可提高试验的效率，从而提高饲养管理水平，获得高产。同样饲料产品的开发也可应用此项技术加以完成。将饲料产品中的大量参数、环境参数等导入到仿真瘤胃模型中进行消化模拟，再通过泌乳模型的泌乳模拟，获得该饲料产品的转化效能，这一系列都是由计算机完成的。预计人们将会从仿真技术中获得财富。

（二）育种与选配

选种选配辅助决策系统是借助仿真水牛模型，通过某仿真公牛的精子模型在仿真子宫中进行配种模拟运算，对获得的后裔模型进行再次模拟推导，得出其后裔的预生产性能。这项技术的应用将更加有助于提高乳牛场的预测预报工作。在育种的工作中，采用仿真技术可加快小公牛的精确选育，提高后裔测定的效率，

加快种质的培育。

（三）健康与病理学

关系到水牛的健康，仿真水牛模型的应用给这个领域的研究带入了一套全新的探索与研究途径。利用全新的思路，借助仿真水牛模型，可进行大量的水牛病理学的研究，例如乳房炎、肢蹄病等。水牛的药物开发、手术器械的研究等，都可充分应用仿真水牛模型进行模拟试验，从而获得成功。

计算机辅助设计与计算机生物仿真技术的应用，其目的都是在寻找最优、缩短最优化时间、寻找高效率的再现与重复。

第三节　信息技术在水牛生产管理中的应用

现代水牛场、冻精改良站点的整体生产管理都必将依赖于电脑。信息技术应用于水牛场、水牛种公牛站和冻精改良站点，实际上可归纳为两大方面。

一、信息管理方面

利用信息系统软件提供的强大数据，挖掘和分析引进，能产生各种各样的统计报表，最大限度满足奶牛管理的信息需求，使工作效率成倍上升。信息来源的可靠性和准确性规范了工作流程，让管理决策层人员第一时间获得详尽客观的统计数据。大理州家畜繁育指导站信息管理系统具备以下两方面特点：

（一）具备“奶牛数字化管理信息系统”

本软件既实用于农区奶牛饲养管理，又实用于规模奶牛场饲养管理。按照管理权限分州、县、站点三级设置若干个管理站，为每头奶牛都建立了管理“户籍”册，将农区奶牛的系谱资料、生长发育、生产性能、配种繁殖、防疫检疫、市场流动及保险信息纳入系统，实现农区和规模奶牛场的奶牛信息数据远程动态管理，只要能接入互联网进行上网的地方，通过特定的用户名和相应的密码即可登录访问。实现了对每头存栏奶牛的各种生产数据浏览、查询，从而为辖区内奶牛生产实现择优选种选配，不断提高生产性能提供了科学依据，也为各级政府和畜牧部门及时、全面、准确了解奶牛生产状况，实行科学决策提供全方位的信息支撑。系统地推广、应用，全面解决了农区分散饲养状况下，系谱资料没有档案记录，以及由于血缘情况不清，甚至出现近亲交配、防疫检疫情况不明、生产性能状况缺乏具体的数据反映等情况，解决了长期以来困扰生产发展的技术和管理上的一系列瓶颈问题。同时，为奶牛良种登记奠定了重要基础。整个奶牛管理信息系统包括以下主要模块：奶牛基本信息管理、奶牛户籍档案管理、产犊配种情况管理、奶牛生长发育情况管理、泌乳性能和健康状况管理、检疫防疫管理、交易管理、改良站点及其人员设备情况管理等。所有管理信息由大型网络数据库集中储存，业务人员按其使用系统权限的不同，从数据库中获取各自所需的数据，及时掌握系统辐射范围内奶牛生产、交易和分布的各种情况。

本软件还针对大理州的养牛业现状，兼容了“牛冻精改良统计报表”功能模块，实现了由乡镇站点填报当月的生产数据，并自动汇总成县市报表，又由县市报表自动汇总成全州报表，从中生成月报、季报、半年报和年报等统计报表，减少了大量初始数据的统计计算工作量和报表逐级上报失真现象，使统计报表数据的真实可靠性进一步的得到加强。将进一步升级到不再由各个乡镇填写实时数据，而由改良站点直接填报。

（二）具备“种公牛站生产管理信息系统”

本软件实用于由农业部在全国统一部署的专业性家畜冷冻精液生产单位及牛良种繁育技术推广中心等的种公牛饲养管理、疫病防治、冻精生产、贮存与发放管理、液氮生产管理及生产资料管理，为人工智能化研发奠定了基础。

1. 公牛饲养管理

基本情况、种公牛系谱、外貌鉴定成绩、生长记录、防疫驱虫及检疫记录、病历记录、体检日志、死亡、淘汰牛资料的归档、搜索及种公牛系统卡片等资料。

2. 冻精生产管理

种公牛鲜精采集、检查、稀释、分装、冷冻、质量检查、包装、报表资料的统计与存储，条形码跟踪管理。

3. 冻精质量监测管理

按农业部规定的八项指标进行监测，分项记录管理。

4. 冻精入库及发放管理

经监测合格，冻精按牛只、生产日期、质量等级入库；根据各地需要记录发放管理，自动检索所需牛只冻精、数量、价格，自动生成供应和采购冻精报表。

5. 出入库管理

液氮、饲草饲料、药品、器械、办公用品等出入库管理。

二、实时监控方面

信息系统软件提供实时控制接口，将管理信息系统与伺服信息系统有效地控制起来，把全部的信息系统形成一个有效的闭环系统。实时控制体现在如下方面：

1. 自动识别

电子标签的应用，可快速对水牛的身份识别。在水牛场的自动控制中，首先要解决自动识别系统，若不能对每一头牛进行识别，则谈不上对水牛的全面精细控制。应用电子标签则是解决识别的最好途径。

2. 发情监测

用于对牛只的性情期跟踪与监测。

3. 自动称重

步行通过型的自动称重装置，能快速在有牛过道中对牛进行自动称重并记录。

4. 自动供水

根据不同牛的饮水需求，合理供给新鲜饮水。

5. 自动给料

用于对牛只日粮的精细分配，更有效地自动化控制牛的饲喂全过程。

6. 自动清理粪便

粪便自动化清理设备的工作原理是每天在设定的时间段，定时将粪便由金属制造的刮粪板自动进行刮粪。根据水牛排泄量的多少进行调节自动控制设备中的参数，以保持水牛环境干净。被刮粪板刮出的粪便集中到一地后，再进入粪尿分离设备进行处理。分离后的粪和尿再另作他用。

7. 自动奶量与奶速采集

有效地将牛的奶量、奶速数据自动实时地采集，并写入数据库中。

参考文献：

［1］王福兆．乳牛学（第三版）［M］．北京：科学技术文献出版社，2004.
［2］郑怀军，张永根．奶牛良种登记的作用、具体措施和保证条件［J］．黑龙江畜牧兽医，2005（8）.
［3］河南省实施荷斯坦牛良种登记［J］．中国奶牛，2004（1）.

图 1　摩拉水牛（公牛）

图 2　摩拉水牛（母牛）

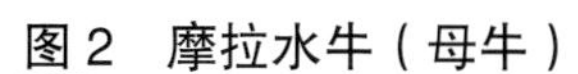

图 3　尼里－拉菲水牛（公牛）

图 4　尼里－拉菲水牛（母牛）

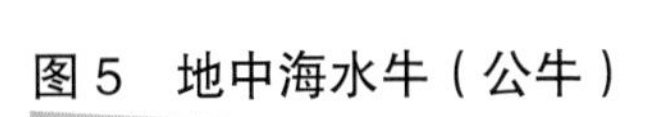

图 5　地中海水牛（公牛）

图 6　地中海水牛（母牛）

图 7　奶水牛标准化养殖（卧床）

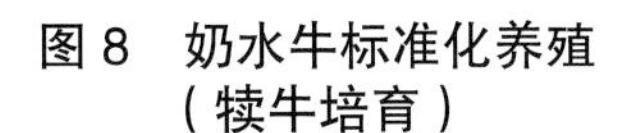

图 8　奶水牛标准化养殖（犊牛培育）

图 9　大理州巍山县杂交奶水牛群体

图 10　分户饲养、集中挤奶、统一收购

图 11　来思尔乳业开发的水牛奶产品